轧钢热处理炉污染物深度治理技术

王 凡 田 刚 张 辰 著

哈爾濱工業大學出版社

内 容 简 介

本书主要基于国家重点研发计划“汾河平原大气重污染成因和联防联控研究”的研究成果，根据作者对轧钢热处理炉污染控制研究和工程经验整理撰写而成。本书系统介绍了轧钢热处理炉的污染物深度治理技术，主要内容包括轧钢热处理炉及工艺，污染物排放状况及相关标准、政策，主要的污染物治理可行技术，深度治理技术方案与适用规范，环境经济效益分析以及发展趋势。

本书可为轧钢企业的管理人员、技术工程师、环保监管部门提供参考，也可作为冶金、环境专业大专院校的教学辅导材料。

图书在版编目(CIP)数据

轧钢热处理炉污染物深度治理技术/王凡，田刚，张辰著.—哈尔滨：哈尔滨工业大学出版社，2023.11

ISBN 978-7-5767-1151-6

Ⅰ.①轧… Ⅱ.①王… ②田… ③张… Ⅲ.①热轧-热处理炉-污染防治 Ⅳ.①X757

中国国家版本馆 CIP 数据核字(2023)第 227402 号

策划编辑　王桂芝
责任编辑　苗金英
出版发行　哈尔滨工业大学出版社
社　　址　哈尔滨市南岗区复华四道街 10 号　邮编 150006
传　　真　0451-86414749
网　　址　http://hitpress.hit.edu.cn
印　　刷　哈尔滨圣铂印刷有限公司
开　　本　787 mm×1 092 mm　1/16　印张 11.75　字数 264 千字
版　　次　2023 年 11 月第 1 版　2023 年 11 月第 1 次印刷
书　　号　ISBN 978-7-5767-1151-6
定　　价　68.00 元

编　委　会

参 编 单 位

中国环境科学研究院

北京科技大学

中钢集团天澄环保科技股份有限公司

中国科学院过程工程研究所

中国环境科学研究院环境技术工程有限公司

浙江大学

同兴环保科技股份有限公司

河北和和能源科技有限公司

北京予知环保科技有限公司

中琉科技有限公司

河北新金钢铁有限公司

生态环境部环境工程评估中心

北京青山绿野环保科技有限公司

前　言

随着全球工业化进程的加速，钢铁行业在现代社会中扮演着重要的角色，但由于其产业链长、工序复杂、资源消耗量大等原因，生产过程中存在着严重的环境污染问题，尤其是与轧钢热处理炉相关的污染物，对空气质量、水资源和人类健康构成巨大的威胁。深度治理轧钢热处理炉污染物至关重要，轧钢企业实施污染物深度治理技术已经成为大势所趋。

轧钢热处理炉的污染物主要来源于燃料燃烧、原材料和炉渣中的有害物质以及工艺损失。这些污染物主要包括颗粒物、二氧化硫、氮氧化物等，污染物对人体健康有害，细颗粒物可进入呼吸道并导致呼吸系统问题，而氮氧化物又是臭氧和细颗粒物的重要的前体物，极易对生态系统和环境造成重大损害。

对于污染物的治理，技术改造是重要手段之一，通过引入更加高效和清洁的燃烧技术，如燃烧控制系统和脱硫装置，可以减少氮氧化物和二氧化硫的排放。另外，污染物的回收利用也是一种有效途径。通过采用先进的废气处理设备，如烟气脱硝和烟气脱硫装置，可以将污染物捕集、分离和转化为有用的资源，实现资源的循环利用。随着环保技术不断发展，环保指标不断提高，采用传统单一的污染物治理技术已经难以满足要求，多种工艺结合的污染物深度治理技术可以减少污染物排放量，达到环保标准，降低环境污染程度，保护人们的健康和安全。

本书系统介绍了轧钢热处理炉的污染物深度治理技术，主要内容包括轧钢热处理炉及工艺，污染物排放状况及相关标准、政策，主要的污染物治理可行技术，深度治理技术方案与适用规范，环境经济效益分析以及发展趋势。

本书是一本实用性强、适用面广的专业书籍，对于轧钢企业实施污染物深度治理技术具有重要的参考价值，是轧钢企业管理人员、技术工程师、环保监管部门等环保领域工作人员的必备工具书。

限于作者的经验和水平，书中难免存在不足之处，恳请广大读者与专家指正。

作　者

2023 年 10 月

目　录

第1章　轧钢热处理炉及工艺

《轧钢工业大气污染物排放标准》(GB 28665—2012)修改单中对热处理炉进行了定义:将钢铁材料加热到轧制温度,或放在特定气氛中加热至工艺温度并通过不同的保温、冷却方式来改变表面或内部组织结构性能的热工设备,包括加热炉,以及退火炉、淬火炉、正火炉、回火炉、固溶炉、时效炉、调质炉等其他热处理炉。该定义将轧钢工序涉及的工业炉均包含其中,是广义上的热处理炉,包括"轧钢加热炉"和"轧钢热处理炉(其他热处理炉)"两大类。

近年来,随着中国钢铁工业的快速发展,二氧化硫(SO_2)、氮氧化物(NO_x)和细颗粒物等污染物的排放量也不断增加。2012年以来全国粗钢产量呈快速增长趋势,2021年全国粗钢产量达到10.35亿t,较2012年增加44%。据统计,2021年全国438家钢铁冶炼企业废气颗粒物、SO_2、NO_x 排放量为45.11万t、18.43万t以及40.89万t,分别占全国总排放量的8.4%、6.7%和4.1%。2022年我国粗钢产量10.18亿t,约占世界钢铁总产量的55.3%,粗钢产量排名前10位的省份分别为河北、江苏、山东、辽宁、山西、广西、安徽、湖北、广东、河南,其中排名第一的河北粗钢产量为2.1亿t,约占全国钢铁总量的20%。轧钢热处理炉烟气是钢铁行业污染物排放中的重要环节之一,其主要为煤气(天然气、高炉煤气等)燃烧后产生的烟气,颗粒物粒径小,工况波动大。随着煤气的品质和压力的波动,外排烟气中颗粒物的浓度在30~100 mg/Nm^3之间波动,SO_2的浓度在100~300 mg/Nm^3之间波动、NO_x的浓度处于300~500 mg/Nm^3范围内,此外还会有大量的一氧化碳(CO)产生。根据相关数据测算,轧钢所产生的SO_2、NO_x排放量约占钢铁工业总排放量的5%~15%。

虽然轧钢加热炉单体排放强度不高,但由于数量众多、分布广泛、种类复杂,对环境造成的影响依然不容忽视。为了控制钢铁行业的污染排放,一些企业开展了轧钢加热炉烟气深度治理工作,以提高整个钢铁行业的环保水平。目前我国开展轧钢加热炉烟气深度治理的企业较少。

为此,我们通过大量资料调研和实地踏勘,对比了不同烟气治理工艺技术路线各工序的运行参数、治理效果和技术适用性等条件,提出了一套轧钢加热炉烟气深度治理技术路线和规范。该技术路线和规范旨在为轧钢工序烟气深度治理提供技术支持,帮助企业更好地控制烟气排放,降低对环境的影响。

1.1　轧钢热处理炉的种类

1.1.1　轧钢加热炉

钢铁工业轧钢加热炉是一种能够将钢坯或钢材加热至特定温度以满足下一道工序需要的高温设备,加热的目的是把料坯加热到均匀的、适合轧制的温度(奥氏体组织)。温度提高以后,首先是提高钢的塑性,降低变形抗力,使钢容易变形。将钢加热到合适温度,轧制时可以用较大的压下量,减少因磨损和冲击造成的设备事故,提高轧机的生产效率和作业效率,而且轧制耗能也较少。其次,加热能改善钢坯的内部组织和性能。不均匀组织和非金属夹杂物通过高温加热的扩散作用而均匀化。加热温度和均匀程度是加热质量的标志,加热质量好的钢,容易获得断面形状正确、几何尺寸精确的成品。

如图 1.1 所示,按不同分类方式,加热炉主要可以进行三种分类。

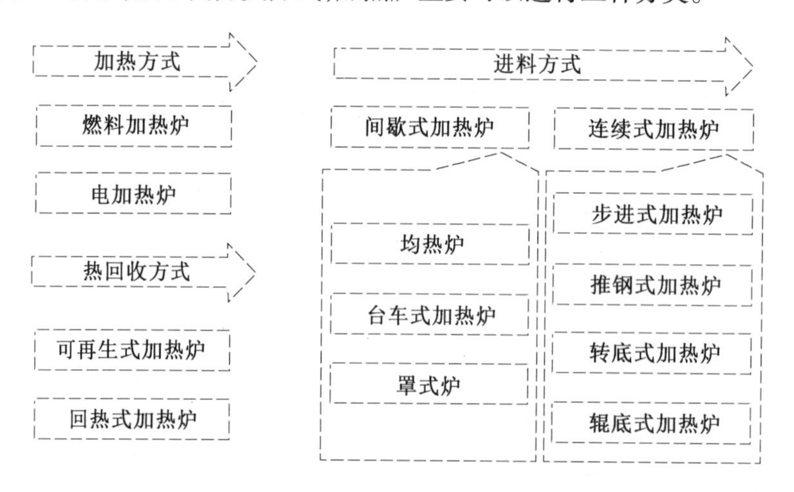

图 1.1　加热炉分类

1.1.1.1　按加热方式分类

根据加热方式,轧钢加热炉可以分为燃料加热炉和电加热炉。

1.燃料加热炉

燃料加热炉是通过燃料(如天然气、液化石油气、重油等)燃烧放热作为热能来源的加热炉。燃料加热炉是目前轧钢加热炉的主要类型之一,广泛应用于钢铁工业中。在燃料加热炉中又以火焰加热炉应用较为普遍,所谓火焰加热炉是指炉料不充满整个炉膛空间,燃料在炉膛空间内进行燃烧,燃料燃烧放出的热量以对流和辐射的方式传递给工件和物料。

燃料加热炉的优势是燃料来源广泛，燃烧效率高，成本相对较低，处理能力较大，能够适应各种规格的钢材，可以根据不同材质和工艺要求灵活调整加热温度和时间，维护方便等。但其也存在一定的弊端：需要提供燃料；燃烧过程中会产生有害气体，对环境造成一定污染，环保压力大；温度分布不均匀，需要经常调整火焰位置和温度，以保证钢材的加热均匀性；温度控制精度相对较低，对于高精度的产品有较高的技术水平要求；可能会出现烟道堵塞问题，对生产造成影响。

燃料加热炉是一种传统的加热设备，现在仍然被广泛应用，具有不可替代的地位。随着工业技术的不断进步和环保压力的逐步增大，燃料加热炉也在不断改进和升级，以满足市场需求和环保标准，并提高生产效率。

2.电加热炉

电加热炉主要是通过电能转换成热能来对物料进行加热，如感应加热电炉和电阻加热电炉等。电加热炉内设置了加热元件（如感应线圈、电阻丝等），通电时产生电磁场或者电阻发热，使得钢材产生高温。

相比于燃料加热炉，电加热炉采用电能加热，不存在燃料燃烧产生的污染问题，环保效果好；电加热炉效率高、加热更均匀，对于轧制较大尺寸的钢材具有较好的加热效果；但是电加热炉的能耗较大，成本较高；需要提供大量电能，对电网压力造成负荷；使用寿命短，维护难度较大，应用范围受到了诸多限制。

目前电加热炉在钢铁工业中的应用也越来越广泛，尤其是对于生产规模不大且环保要求高的企业，电加热炉更受青睐。

1.1.1.2　按热回收方式分类

根据热回收方式，轧钢加热炉可以分为可再生式加热炉和回热式加热炉。

1.可再生式加热炉

可再生式加热炉是一种使用可再生能源进行加热的设备。它将太阳能、风能、水能、生物质能等可再生能源转化成电能或热能，用于钢铁工业中的加热操作，避免了传统燃料加热所带来的污染和能源浪费问题。可再生式加热炉具有环保节能、控制方式灵活、使用成本低廉等特点，可根据需要进行控制和调节，实现精准的加热操作，适合于一些对环保要求高的钢铁企业使用。

2.回热式加热炉

回热式加热炉是一种对高温钢材自身产生的余热或废气余热等回收利用进行再加热的加热炉。在回热式加热炉中，钢材进入加热区时，通过高温废气对其进行预热，随后进入加热区，在这里继续受到高温废气的加热，直至达到所需温度，最后进入冷却区，通过喷水等方式对其进行冷却。回热式加热炉具有能源循环利用、节能环保等特点，同时也可以提高钢材加热均匀性和生产效率。

1.1.1.3 按进料方式分类

根据进料方式，轧钢加热炉可以分为间歇式加热炉和连续式加热炉。具体而言，间歇式加热炉是在一定时间内对一批物料进行加热处理的设备；连续式加热炉是能够保持有序的物料流并实现连续加热的设备。

1.间歇式加热炉

间歇式加热炉是成批装料，装完料后进行加热或熔炼，在炉内完成加热工艺后，成批出料。炉料在炉内不运动，这类炉子的温度是随时间变化的，如均热炉、台车式加热炉、罩式炉等。

（1）均热炉。

在均热炉中，炉料通过炉门进入后，在炉内保持不动的状态下进行均热处理，即让整个炉料达到均匀的温度。均热炉一般采用多层排布，以最大限度地利用炉内空间，并提高生产效率。

（2）台车式加热炉。

台车式加热炉是一种将炉料放置在特制的台车上进行加热的设备。台车设计可使炉料顺着固定步骤进行流程加热，从而实现有效加热和节约能源的目的。台车式加热炉通常分为电阻式和气体式两种类型，可用于各种材质和形状的金属加热处理。

（3）罩式炉。

罩式炉是一种将炉料覆盖在密闭的罩子内进行加热或熔炼的设备。该炉型广泛应用于铸造、锻造、轧钢等领域，可对各种金属进行加热处理和熔炼。罩式炉具有温度控制精度高、气氛保护效果好、能耗低等优点。

2.连续式加热炉

连续式加热炉是热轧车间应用最普遍的加热设备。在连续式加热炉中，钢材不断地从炉温较低的进料口一端进入炉内，然后以一定的速度向炉温较高的一端移动，在炉内与炉气反向而行，通过炉温沿炉长方向的连续变化完成加热过程。具体来说，连续式加热炉通常有多个加热区域，每个区域都有不同的温度控制。钢材在这些不同温度区域中逐步升温，并且保持一定的停留时间以确保达到所需温度。加热完毕后，钢材便不断从出料口排出，并进入下一个加工步骤。整个过程中，在炉子稳定工作的条件下，炉气沿着炉膛的长度方向由炉头向炉尾流动。沿流动方向，炉膛的温度和炉气的温度则是逐渐降低的，但炉内各点的温度基本上是固定不变的，这是因为连续式加热炉能够实现精确的温度控制和稳定的加热效果。

连续式加热炉根据炉内钢料的运动方式可分为步进式加热炉、推钢式加热炉、转底式加热炉和辊底式加热炉。其中步进式加热炉和推钢式加热炉是钢铁行业应用较广泛的类型。随着生产节奏的加快，步进式加热炉已经成为应用最广泛、发展最快的炉型。

(1)步进式加热炉。

步进式加热炉是一种通过钢材自身重力以及机械梁的升降来实现装载、卸载和输送的连续式加热炉。钢材在炉内沿水平方向运行,在炉内各个区域逐渐升温,然后从炉底出来。步进式加热炉具有加热效率高、加热均匀、节约能源等优点,因此在轧钢生产线上使用最广泛。20 世纪 70 年代以来,各种新建的大型轧机基本都配置了步进式加热炉,也有不少中小型轧机采用这种炉型。

(2)推钢式加热炉。

推钢式加热炉是另一种常见的连续式加热炉类型,其主要特点是通过钢材在炉内被推动的方式进行传输。推钢式加热炉一般采用多层出料口和入料口设计,以增加炉子的容量,提高生产效率。这种炉子的结构简单,易于维护和操作,但由于钢材的传输速度较快,钢材在不同温度区域中停留的时间较短,容易导致加热不均匀。

(3)转底式加热炉和辊底式加热炉。

转底式加热炉和辊底式加热炉是通过转动炉体或辊子将钢材从进料口输送到出料口的连续式加热炉,适用于加热尺寸大、质量大的钢材,但由于传输速度较慢,存在生产效率低下等缺点。

1.1.1.4　主要炉型

轧钢加热炉目前主要应用的炉型包括推钢式加热炉、步进式加热炉、环形加热炉、均热炉等。

1.推钢式加热炉

(1)主要结构。

推钢式加热炉是一种用于加热小截面料坯的设备,其主要结构包括以下几个部分。

①炉体。推钢式加热炉的炉体通常采用耐火材料制成,以便承受高温和烟气侵蚀。炉体内部设置多段加热带,通过加热带的传热作用使炉内温度逐渐升高,从而将料坯加热到所需温度。

②进出料端。推钢式加热炉的进出料端一般位于炉体两端,用于将待处理的料坯送入炉内,并将已经完成加热处理的料坯从炉内推出,以进行下一步的生产或者加工。20 世纪 50 年代至 60 年代,由于轧机能力的增加,推钢式加热炉的长度受推钢长度的限制不宜过长,因此开始在进料端增加加热带,取消不加热的预热段,以提高单位炉底面积的生产率。

③加热带。推钢式加热炉的加热带按照炉内安装烧嘴的数量和位置进行划分。加热带通常由耐火材料制成,内部铺设着导热材料,以便将火焰和烟气中的高温传递

给料坯。炉段通常按照炉内安装烧嘴的加热带进行划分,如图 1.2 所示。根据加热带的数量,推钢式加热炉可分为一段式、二段式、三段式以及多段式。其中,多段式推钢式加热炉由于加热带数量多,能够更加有效地提高生产效率。

④燃烧器。推钢式加热炉的燃烧器用于将燃料和氧气进行混合燃烧,产生高温和大量热能。燃烧器通常设置在加热带的下方,使得火焰和烟气可以直接传递到加热带上,加快料坯的加热速度。推钢式加热炉通常使用气体燃料、重油或粉煤,有些燃烧块煤。

⑤烟道。推钢式加热炉的烟道用于排放炉内产生的废气,以保持炉内的正常工作状态。烟道通常还可以安装预热器和余热锅炉等设备,以有效利用废气中的余热,提高炉子的热效率。

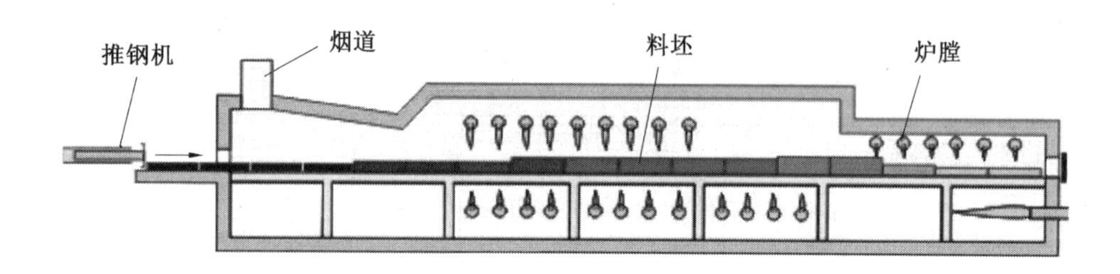

图 1.2　推钢式加热炉结构示意图

(2)工作原理。

①燃料燃烧。推钢式加热炉使用气体燃料、重油、粉煤等可燃物质,燃料在炉内燃烧时会释放大量热能。

②加热带传导。炉内料坯按轧制节奏连续运动,在不断推进的过程中逐一经过各个加热带。炉内炉气连续流动,加热带通过传导热能的方式将炉内的高温传递给料坯,使得料坯逐渐达到所需温度。一般来说,在炉材截面尺寸、品种、产量不变的情况下,炉内各部分的温度和炉内金属材料的温度基本不随时间变化,只沿炉长变化。连续加热炉依靠推钢机完成炉内送料任务,由推钢机从装料端推动使物料沿滑道向前运动,加热好的金属从出料门被推钢机推出。相邻两根金属料坯之间必须具有较大接触面积,否则容易拱钢。

③废气排放。随着燃料燃烧和料坯加热,炉内产生大量废气。这些废气需要通过烟道排放出去,以保持炉内的正常工作状态。

④预热器利用余热。为了提高加热效率,一些炉子还设置了预热器和余热锅炉等设备,利用废气中的余热来加热燃料并进一步提高炉子的热效率。预热器通常是安装在烟道上的换热设备,通过将废气中的余热传递给进入炉内的空气或燃料,以达到节能的目的。

⑤炉底循环。推钢式加热炉还可以采用炉底循环技术，在炉底设置冷却水管，使得炉底温度降低，增强炉底强制循环的作用，从而更好地保护炉底结构。料坯在炉底或水冷管支撑的滑轨上滑动，在后一种情况下加热时，炉底水管通常用隔热材料覆盖，以减少热损失。为了减少水冷滑轨造成的料坯下部的黑印，它支撑在耐火材料砌成的基墙上，这种炉子被称为无水冷炉。

(3) 主要特点。

推钢式加热炉是轧钢车间历史较长、使用最广泛的一种加热设备，其具有以下特点。

①高产量。推钢式加热炉能够实现快速加热，提高生产效率，以满足车间对高产出的需求。

②结构简单。推钢式加热炉的结构相对较为简单，易于设计和制造，降低装置成本，也便于维修与保养。

③投资少。相比于其他型号的加热炉，推钢式加热炉的投资成本更低，适合中小型企业。

④建造快。推钢式加热炉的建造时间短，安装方便，可尽快投入使用。

⑤维护方便。推钢式加热炉的部件可以很容易地进行更换和维护，延长设备的使用寿命。

在品种单一、产量要求高、料坯适合推钢的锻造车间，推钢式加热炉得到了广泛应用。它能够快速升温，使得料坯迅速达到所需温度，提高生产效率和质量。

2.步进式加热炉

与推钢式加热炉相比，步进式加热炉的主要特征是钢坯靠炉底可动的步进梁按矩形轨迹在炉底上往复运动，把放置在固定梁上的钢坯一步一步由进料端送到出料端。

(1) 主要结构。

步进式加热炉常用于中小型钢铁企业进行轧制前的料坯加热处理。其主要结构一般包括以下几方面。

①炉体。步进式加热炉的炉体通常由钢板焊接而成，内部设置多段加热带和降温带，以控制料坯的加热速率和温度曲线。

②进出料口。步进式加热炉的进出料口一般位于炉体两端，用于将待处理的料坯送入炉内，并将已经完成加热处理的料坯从炉内取出，以进行下一步的生产或者加工。

③加热带。步进式加热炉的加热带按照炉内安装燃烧器的数量和位置，可分为一段式、二段式……五段式、六段式等。加热带通常由耐火材料制成，内部铺设导热材料，以便将火焰和烟气中的高温传递给料坯。

④降温带。步进式加热炉的降温带用于控制料坯的冷却速率和温度曲线,以满足不同生产工艺对料坯温度的要求。

⑤燃烧器。步进式加热炉的燃烧器用于将燃料和氧气进行混合燃烧,产生高温和大量热能。燃烧器通常设置在加热带的下方或两侧,使得火焰和烟气可以直接传递到加热带上,加快料坯的加热速度。

⑥料坯输送系统。步进式加热炉配备了料坯输送系统,用于控制料坯的进出料速度和位置,并确保料坯在炉内的加热过程中不受干扰或损坏。

⑦控制系统。步进式加热炉的加热、冷却和输送等操作都由计算机控制系统自动完成,以确保生产数据的准确性和稳定性。

(2)工作原理。

步进式加热炉是靠步进式加热炉底或步进梁的升降进退来带动料坯前进的,其工作原理示意图如图1.3所示。当步进式加热炉底升起时料坯被举起,步进式加热炉底前进,带动料坯前进,当步进式加热炉底下降时,把料坯放在固定炉底上,步进式加热炉底退回原位,料坯便被留在新的位置上。这样,经过步进式加热炉底升、进、降、退四个动作,料坯便前进了一个行程。

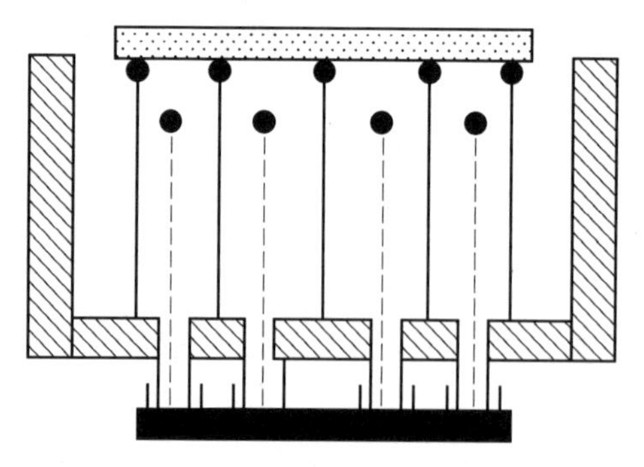

图1.3　步进式加热炉工作原理示意图

根据单面加热和双面加热的方式不同,步进式加热炉大体可分为两种类型:步进底式加热炉和步进梁式加热炉。

①步进底式加热炉。单面加热的步进式加热炉,称"步进底式加热炉"。只有一个加热带或燃烧器位于炉膛的一侧,只能将材料坯单面加热,主要用于加热质量要求高的特殊钢、普通钢的中小型坯以及不便于推钢的料坯。

②步进梁式加热炉。由水冷的步进梁和固定梁组成的双面加热步进式加热炉,称"步进梁式加热炉",如图1.4所示。有两个加热带或燃烧器位于炉膛的两侧,在加热过程中可以将料坯双面加热,主要用于小时产量大的大板坯和方坯加热。20世纪70年代以来,由于轧机生产能力的提高和节能的要求(延长炉长以设置无供热的预热段),步进梁式加热炉得到了迅速的发展。近年来,由于连铸坯的热装、冷热混装

和对炉子的“可变容量”的要求，步进梁式加热炉成为连续加热炉的主要发展方向。

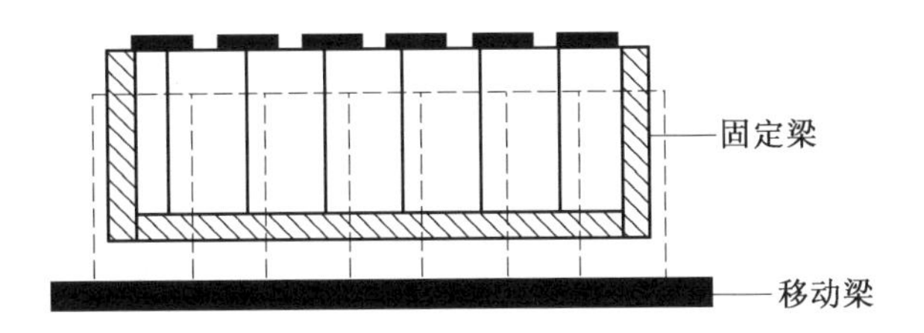

图 1.4　步进梁式加热炉结构示意图

(3) 主要优势。

与推钢式加热炉相比，步进式加热炉主要优势如下。

①加热料坯的种类更丰富。不方便在推钢式加热炉中进行加热的所有料坯都可以使用步进式加热炉加热，如规格很大的板坯或者外形不规则的料坯等。

②步进式加热炉生产效率更高。同等有效炉长的步进式加热炉与推钢式加热炉相比，单位时间的生产总量更高，也就是说，生产总量一定时，步进式加热炉的炉膛长度可以在推钢式加热炉的基础上减小 10%～15%。

③步进式加热炉不会出现推钢式加热炉中的“翻炉”和“拱钢”的现象，并且炉直径也不受推送长度的影响。

④步进式加热炉生产比较灵活。相邻板坯的间距可以通过一定的方式来调整，增减炉内受热板坯的数量，从而可实现生产率的变动。而且步进式加热炉的步进周期也是可变的，因此能够通过调节加热材料的步进周期来提高加热炉的生产率，从而提升生产能力，还能够通过改变步进周期实现加热不同类型材料的目的。

⑤步进式加热炉更有利于提高板坯加热均匀性，有效降低板坯表面和辊道的温差，减少黑印的产生。

⑥步进式加热炉是利用炉内活动梁的上下左右移动来实现受热料坯的周期性运动，料坯在加热的过程中并不会和支撑它的活动梁产生滑动，所以料坯表层也不会出现比较明显的划痕。然而料坯在推钢式加热炉中的运动是需要外界的推力来实现的，在这个过程中料坯下表面会形成明显划痕，而且推钢器械的来回运动也可能在一定程度上损坏设备，因此相比而言步进式加热炉的成本也就降低了。

⑦步进式加热炉可以把炉内的料坯迅速撤出炉膛。当遇到因大修或临时性事件等所引起的延期待轧故障时，能够防止料坯在加热炉内持续时间过长而出现氧化和脱碳等现象，从而降低受热料坯的品质和在生产中带来的危害。

⑧步进式加热炉中，生产者可以依靠生产计划、步进时间和步进周期准确计算出料坯在加热炉内的受热时间，有利于智能化生产的发展，显著提高加热效率。

3.环形加热炉

环形加热炉是转底式加热炉的一种，小型的锻造或热处理用的转底式加热炉常是“盘形炉”，大型的转底式加热炉常是环形炉。环形炉的炉底转动，炉身（包括炉墙、炉顶和设置在炉墙上的烧嘴、烟道等）是固定不动的，使放置在炉底上的料坯随炉底由进料口转到出料口，完成了全部加热过程。装出料工作常是靠炉外的装出料机械来完成的。

（1）主要结构。

环形加热炉由转动炉底、环形固定炉墙、炉顶、密封结构、传动装置以及一般加热炉都有的燃烧、排烟、预热等装置构成。如图 1.5 所示。

图 1.5　环形加热炉

①转动炉底。转动炉底是环形加热炉的核心部件，由托辊、支承轮、传动装置等构成。加热物料放置在托辊上，通过传动装置带动转动炉底，使物料不断向前推进。同时，托辊上的物料也通过炉内空气对流和辐射的作用，实现快速、均匀加热。

②环形固定炉墙。环形固定炉墙是炉膛的固定壁体，一般由高温耐火材料制成。它的主要作用是包围加热区域，避免热量散失，并提供压力容器的保护作用。同时，固定炉墙还可以根据需要设置预热区、等温区、冷却区等不同功能的区域。

③炉顶和密封结构。炉顶和密封结构是环形加热炉的上部结构，主要起到保温和密封作用。炉顶上通常设置烟气排放口、给料口、观察孔等设施，方便加热工艺的调整和操作。密封结构可以有效避免炉内热量泄漏和外界空气进入，确保加热效果和能源利用率。

④传动装置。传动装置主要由电机、减速器、链条等组成。传动装置具有稳定、可靠、耐用的特点，并能够通过调节转速实现不同加热工艺的要求。

⑤燃烧装置。在燃烧区域，使用燃料和氧气进行燃烧，产生高温热量，对物料进

行加热。

⑥排烟装置。在排烟区域，将产生的废气排出。

⑦预热装置。在预热区域，利用废气余热或炉内空气对流等方式进行预热，降低燃料消耗和生产成本。

(2)工作原理。

环形加热炉通过将物料置于环形炉内并旋转来进行加热，利用在炉内安装的电加热器或燃气燃烧器产生的高温热源将炉内空气加热，然后将热空气通过风机循环流动，使整个炉腔内部达到均匀的高温状态。同时，环形加热炉内部也配备了适当的传动装置和控制系统，以确保物料能够均匀地受热，并保持恒定的温度和转速。如果把环形加热炉展开，就是一个普通的单面加热连续加热炉，只不过物料不是在炉底上滑动，而是连同炉底一起移动。

(3)主要优势。

与推钢式加热炉相比，环形加热炉具有以下优点。

①适用于加热不便于推钢的圆形料坯、短而粗的料坯、轮箍和异形工件。

②机械化程度高。尤其是当加热管坯时，不用像在斜底炉中加热那样，靠人工拨钢，因此可以大大减轻体力劳动和减少炉子上的操作人员。

③料坯在炉内不与炉底进行相对移动，氧化铁皮在炉内脱落少，因而减少了进一步氧化；与斜底炉相比，没有经常开炉门和因炉头位置低而吸入大量冷风的现象。所以氧化烧损较斜底炉大为减少，通常可减少 1%以上。

④在热工上，由于用隔墙把炉子分为若干段，侧烧嘴供热，同时又可控制炉底转动速度，因此易于准确和灵活地控制炉温。

⑤在工艺上，可根据需要在炉内少摆料坯甚至把炉子清空，因此对产量波动、钢种变化和轧机生产事故等具有较大的适应性和灵活性。

(4)主要缺点。

①与斜底炉相比，环形加热炉机械设备复杂，一次投资大，较同产量的斜底炉投资大一倍左右。

②环形加热炉虽然占地面积不算太大，但因一般轧钢车间都是长方形的，所以给车间布置造成一定困难。

③因为环形加热炉内的布料是料坯间具有间隙的径向布置，故靠炉底外缘间隙更大，所以炉底有效利用率低。又因只有单面加热，故炉底强度低，一般轧制前加热冷坯时加热强度常控制在 300 $kg/(m^2 \cdot h)$以下。

④环形加热炉一经建成，改建与扩建都比较困难。

4.均热炉

均热炉是热轧生产中的重要加热设备。它将来自炼钢厂的冷热锭均匀地加热到轧制所要求的温度,并连续地供给初轧机进行轧制。均热炉示意图如图 1.6 所示。

图 1.6 均热炉示意图

(1)主要结构。

①高温炉膛。均热炉的核心部分,其内部配有适当数量和位置的加热器(通常是燃气燃烧器),以产生高温热源,使物料达到所需的加热温度。

②传动机构。负责控制物料进出炉膛的速度和方向,一般包括电机、减速器、链条等。

③风冷设备。用于降低物料温度,使其达到适合进入下一道工序的温度。通常采用强制风冷或自然风冷方式。

④支承系统。用于支撑和固定炉体及传动机构等部件,保证整个设备的稳定性和安全性。

⑤控制系统。通过对加热器、传动机构、风冷设备等参数的精确调控,实现对物料加热、保温、冷却等过程的精确控制。

(2)工作原理。

①物料进料。将冷却后的钢材通过传动机构送入高温炉膛内。

②加热。高温炉膛内安装有适当数量和位置的加热器(通常是燃气燃烧器),以产生高温热源,使物料达到所需的加热温度。同时,通过控制燃气流量、火焰形状等参数,精确控制物料表面温度分布,避免因过热或加热不足而导致的质量问题。

③保持时间。待物料达到所需温度后,需要在高温炉膛内维持一定的保温时间,以确保物料内部和表面温度均匀,并达到预定的加热效果。

④出料。在保持时间结束后,将被加热的物料通过传动机构送出高温炉膛,进入下一道工序。

⑤冷却。为了防止物料过热,均热炉一般会在出料口安装风冷设备,以降低物料温度,使其达到进入下一道工序的要求。

通过以上步骤的循环,可以实现对钢材的均匀加热,提高产品的质量和生产效率。

(3)主要特点。

均热炉是室式加热炉的一种,其主要特点如下。

①炉膛内各点温度均匀。均热炉通过加热器的精确控制,能够使物料内部和表面温度均匀,避免过热或加热不足而导致的质量问题。这也是均热炉与其他类型炉子最为显著的区别。

②炉料分批装卸。均热炉将炉料分批装入和卸出,每次处理的量相对较小,可以更好地控制温度和保证产品的质量。

③炉子间断式操作。均热炉的操作为周期性工作,即完成一定的加热过程后停止一段时间,待下一批物料进入后再重新启动,这种操作方式能够有效降低设备运行成本,并提高设备的使用寿命。

④精密控制系统。均热炉通常采用计算机自动控制系统或PLC控制系统,能够对加热器、传动机构、风冷设备等参数进行精准控制,提高生产效率和产品质量。

⑤安全可靠。均热炉在设计时应考虑安全性,采用多重保护措施,如红外线测温、断气保护、温度报警等,确保设备运行的安全可靠性。

⑥适应性强。均热炉适用于各种类型的轧钢生产线,能够对不同规格和材质的钢材进行均匀加热处理,具有较强的适应性。

(4)发展情况。

随着初轧生产规模的扩大及钢材质量的提高,均热炉炉型结构和操作水平也在不断地发展和提高。19世纪末最早出现不供热的均热坑,脱模后的钢锭靠自身热量进行均热。随着设备炼钢能力的提高,钢锭均热时间延长,难以满足钢锭的热装温度和出炉温度,于是出现了用燃料供热的单座式均热炉(每个加热室只放一块钢锭)。这种炉子操作复杂、加热质量不好,不久便被使用喷射式烧嘴,空气、煤气不预热的复座式均热炉及蓄热式均热炉所代替。复座式均热炉于20世纪30年代在欧洲曾被广泛使用。蓄热式均热炉在一些国家也工作了很长时间,直到目前,我国和俄罗斯仍保留着这种炉型。进入20世纪50年代,为提高钢的加热质量并降低燃料消耗及基建投资,出现了多种形式的换热式均热炉,如底部中心供热式均热炉及上部单侧供热式均热炉。前者在一些国家曾盛行一时,但由于陶土换热器漏风及炉底利用率低等原因已不再新建。后者由于单位车间长度产量高、结构简单、造价低等优点,近年来在国内外得到了广泛应用。

从均热炉的发展历史可以看出,炉型结构由复杂向简单化发展。换热式均热炉取代了蓄热式均热炉,集中供热式炉代替了多点分散供热式炉。为改善加热质量,提高炉温均匀性,炉气循环式炉取代了直流式炉。随着初轧设备大型化,长形炉坑替代了方形炉坑。

1.1.2 其他热处理炉

热处理炉是冶金工厂和机械制造工厂中必不可少的关键设备,其应用领域广泛,对提高材料性能和产品质量有着重要的作用。

在冶金工厂中,热处理炉主要用于加工金属锭、板、管、带、丝以及型材、钢轨、车轮等材料。这些材料需要在高温下进行加热、淬火、回火等处理,以达到改善材料性能、提高材料强度和硬度等目的。冶金工厂的热处理炉通常具有较大的加热容量和自动化程度,可实现大批量材料的均匀加热和高效处理。

在机械制造工厂中,热处理炉广泛应用于各种零件、刀具、量具以及铸件等的处理。这些材料也需要通过高温加热、淬火、回火等方式进行处理,以提高其强度、耐磨性、耐腐蚀性和韧性等性能。与冶金工厂相比,机械制造工厂热处理炉的加工对象更加多样化,需要根据具体材料和工艺特点进行定制设计。同时,机械制造工厂的热处理炉通常较为小型化,能够满足不同规模和产量的需求。

1.1.2.1 按工件周围介质分类

热处理炉分类图如图 1.7 所示,按工件周围介质的不同,热处理炉主要分为四类,即膛式炉、浴炉、流动粒子炉和真空炉。

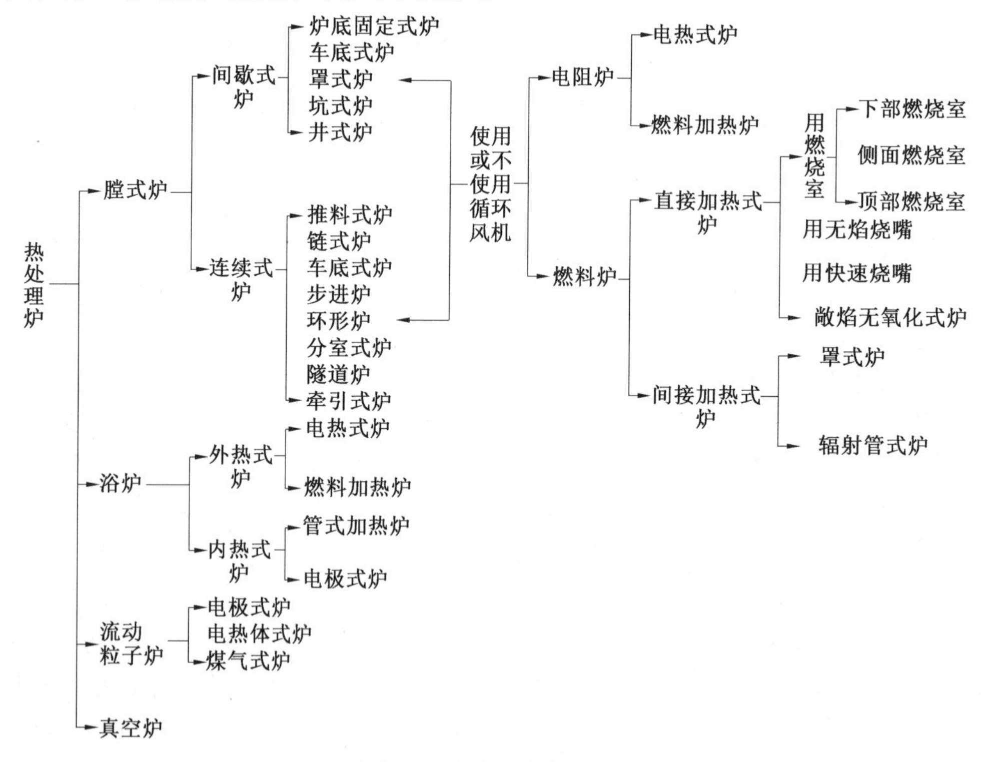

图 1.7 热处理炉分类图

1.膛式炉

膛式炉是一种重要的热处理设备,其特征在于采用炉膛中的气体介质对工件进行加热处理。该气体介质可以是燃烧产物,包括完全燃烧和不完全燃烧产生的气体,这些气体可提供足够的热量和氧化性能,促进材料的加热和变化。此外,也可以使用专门制备的可控气体,通常称为保护气,目的是降低氧化反应和气体污染,提高加热和处理的精度与稳定性。另外,空气也是一种常见的气体介质,特别适用于一些对氧化反应不敏感的材料。

膛式炉具有许多独特的特点和优势,如能够对大批量工件进行均匀、高效的加热处理;通过调节气体流量和组分,可以实现精确的温度控制和保护效果;可适应不同的工艺要求和环境条件等。与其他加热方式相比,膛式炉具有较高的加热效率和加热质量,能够广泛应用于金属材料的淬火、回火、退火等各种热处理工艺中。

分类图中还按炉子的工作方式将膛式炉划分为间歇式炉和连续式炉。

(1)间歇式炉。

其特征是整批装出料,炉子温度在生产过程中呈周期性变化。在加热时,炉体随工件一起升温,许多热量消耗于炉体,升温速度不会太快;冷却时,炉体随工件一起冷却,不仅降温缓慢,而且散失了热量。为了缩短生产周期,应在保证良好绝热的条件下减轻炉体质量。近些年来发展起来的耐火纤维,重度小,绝热性能好,是间歇式炉较理想的筑炉材料。

(2)连续式炉。

其特征是工件连续穿炉运行,炉内各部分温度恒定,但是在炉子长度方向上各段的温度不同,各段的结构应满足该段的工艺和热工要求。例如加热段应注意炉体的绝热,而冷却段却可能有必要安装水冷箱,甚至需要同时安装水冷箱和加热元件,以便灵活运用。连续式炉的炉体温度不随时间而变,所以与间歇式炉相比,单位热耗低得多。此外,连续式炉在产量、质量、机械化、自动化等方面都具有明显的优越性。

2.浴炉

浴炉的特征是将工件置于液体介质中进行加热处理。这种液体介质可以是熔融的盐类,也可以是熔融的金属,进入液体介质中的工件,主要通过对流传热得以均匀快速地加热,其机理与气/固之间的对流传热基本相同。工件在浴炉中加热很快,并不需要专门搅拌,浴炉中的温度就很均匀。

盐浴作为一种常见的浴炉液体介质,具有较高的热导率和热容量,能够快速传递热量并保持温度稳定。但盐浴也存在一些问题,例如易吸收空气中的氧气从而引起工件氧化,因此需要采取措施避免氧化。为了减少盐浴中的氧含量,避免氧化,可每隔一段时间添加一些还原剂,如少量硼砂(烘干后)或硅钙铁、二氧化钛等。这些还原剂可以夺取盐浴中的氧(或其他氧化剂),形成沉淀,沉到炉底,经捞渣即可清除,清除后可继续使用。另外，在盐浴表面撒上一层碎木炭，也能有效防止工件氧化。

3.流动粒子炉

流动粒子炉的特征是在固体颗粒的流化床介质中进行工件的热处理。流动粒子床是一种特殊的多相系统，主要包括气体和固体颗粒两个组成部分。在该多相系统中，固体颗粒被置于气体介质之中，并通过加热来实现工件的热处理。其具有近似液态的性质，因此又称为假液相。该技术已经广泛应用于化工、冶金、环保和能源等领域。

图 1.8 所示为流化床示意图，包括分布板、流化床层、气体进口和气体出口等部分。在流化床中，具有一定压力的气体透过分布板向上流动进入床层，其流速达到一定数值后，分布板上的微细固体颗粒呈现“沸腾”的状态，形成了沸腾床，或称流化床。此时，固体颗粒表面不断地与气体发生接触、摩擦和碰撞，从而使得固体颗粒间发生剧烈的运动，产生了类似于液体的性质，如流动性和浸润性等，近似于液相，但实际上它是粉体与气体混为一体，是一种假液相。这种假液相就是加热工件的媒介质。

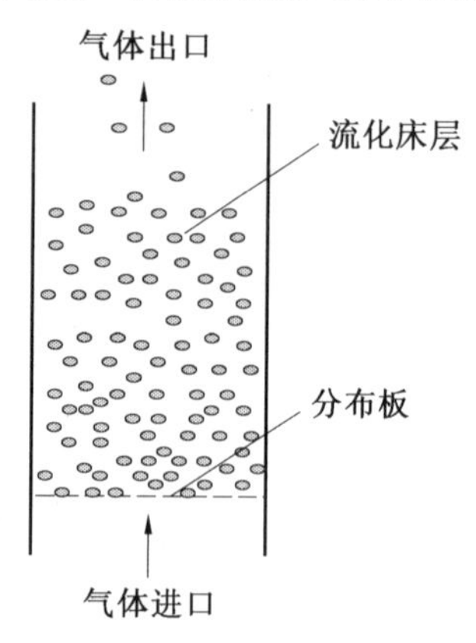

图 1.8 流化床示意图

固体颗粒在流化床中起着重要作用，包括传热、传质、反应和分离等过程。在热处理过程中，固体颗粒作为热媒介，与工件之间的传热可分为辐射和对流两部分。其中，辐射传热主要通过固体颗粒表面的辐射来实现，而对流传热则是由气体介质带动固体颗粒流动而实现的。固体颗粒传热能力受到其物理特性、形态、大小、密度等因素的影响。

在正常流化时，床内温度分布均匀，流化床层内部温度变化小，且流化床层压降很小。此外，在流化床中可以控制气体速度、介质、颗粒等物理参数，从而使得流化床具有更好的传热效率和反应效果。

4.真空炉

真空炉的特征是在真空状态下进行工件的热处理。工业用真空炉的真空度，变化在若干毫米汞柱(几百帕)到数十毫米汞柱(几千帕)之间。

与传统的热处理设备相比,真空炉具有以下优点。

(1)金属基本上保持光亮。

在真空炉低压介质中进行加热处理时,材料不受氧化作用影响,可以有效避免氧化腐蚀和其他杂质产生,因此工件表面能够保持光亮,减少了二次处理的成本和难度。

(2)加热均匀、变形小。

真空炉中对流传热可忽略不计,炉膛内只靠辐射传热来加热工件,使得整个工件的温度分布更加均匀,同时避免了局部过热导致的工件变形问题。

(3)温度可控性强。

真空炉的温度范围宽,可控性强,适用于多种材料的热处理,可以有效改善材料的性能。

(4)处理质量稳定可靠。

在真空环境下进行热处理,不仅能够避免氧化、脱气等问题,还可以有效保证产品的质量和均匀性。

与此同时,真空炉也存在一些缺点。

(1)制造成本高。

由于真空炉需要采用特殊材料和技术进行制造,因此其成本较高,一般用于高档产品或小批量生产。

(2)生产周期长。

由于在低压环境中进行加热处理,温度较低时,辐射传热过程十分微弱,因此工件在炉内的冷却过程特别缓慢,这是真空炉生产周期长的重要原因。

(3)设备运行维护成本高。

为了保证设备的正常运行,真空炉需要经常检修和更换易损件,因此维护成本相对较高。

总体而言,真空炉在高质量产品的热处理方面有着广泛的应用。例如,高质量的变压器钢在许多情况下都会使用真空炉进行退火处理,从而提高了材料的性能和品质。同时,在航空、航天、机械、电子、化工等行业也有广泛的应用。

1.1.2.2　按热源种类分类

根据热源种类的不同,热处理炉主要分为三类。

1.燃气炉

燃气炉是通过燃烧燃气产生高温烟气,将其引入炉膛中进行加热的设备。燃气炉具有加热速度快、温度控制精度高、环保节能等特点。

2.电阻炉

电阻炉是通过电流在导体内部产生热量，将其传递到炉膛中进行加热的设备。电阻炉具有加热速度快、加热均匀、无污染等特点。

3.燃油炉

燃油炉是通过燃烧燃油产生高温烟气，将其引入炉膛中进行加热的设备。燃油炉具有加热速度快、操作简便、加热效果好等特点。

1.1.2.3 按是否使用循环风机分类

根据是否使用循环风机，热处理炉可以分为两类。

1.循环风热处理炉

此类炉子内部装有循环风机和加热设备，通过循环风机将热空气均匀地分布到待处理的钢材表面，以实现快速、均匀、节能的加热效果。循环风热处理炉广泛应用于各种钢板、带钢、钢管等产品的生产加工中。

2.非循环风热处理炉

此类炉子不配备循环风机，通常采用辐射式或对流式的加热方式进行热处理。非循环风热处理炉适用于一些特殊的钢材或形状较小的钢材加热处理场合，如重型锻件、铸件等。

1.1.2.4 主要炉型

热处理炉主要包括辊底式热处理炉、罩式热处理炉、卧式连续退火炉、立式连续退火炉等。

1.辊底式热处理炉

在生产中板、厚板、型钢、扁钢、钢管（以及薄板）的轧钢厂，广泛采用辊底式热处理炉进行淬火、回火、正火、退火等热处理。有的工厂还用它加热钢材，例如荒轧和精轧之间的中间加热。

（1）主要结构及生产特点。

辊底式热处理炉在轧钢厂的连续作业线上应用广泛，这是因为炉内的辊道实际上是车间辊道的一部分，容易实现生产自动化。钢材在辊道上运行，两面受热，所以加热速度较快，加热温度较均匀。此外，辊底式热处理炉的运料机械（辊子）始终在炉内运转，它不会把热量带到炉外去。需要指出的是，炉辊通常是用高合金钢制成的，所以这种炉子的基建投资较高。

图 1.9 所示为辊底式热处理炉示意图。炉子的整个长度上，每隔一定距离安装一根炉辊，组成炉内辊道。物料在炉内的运行有两种方式。一种方式是物料在炉内匀速前进，连续不断地从一端进来，从另一端出去（连续操作制度），在此过程中，完成加热、保温等热处理工序，这种运行方式适用于高产量的车间。另一种方式是每隔

一定时间装一块料。装料时,料坯快速进入炉内,然后在炉内慢速“摆动”,时而向前走,时而向后走(摆动操作制度)。出料也是间断的、快速的,出料与装料同时进行。进而在装出料的同时,炉内的料坯都向前移动一个节距。这种操作方式在钢板热处理中应用较多。

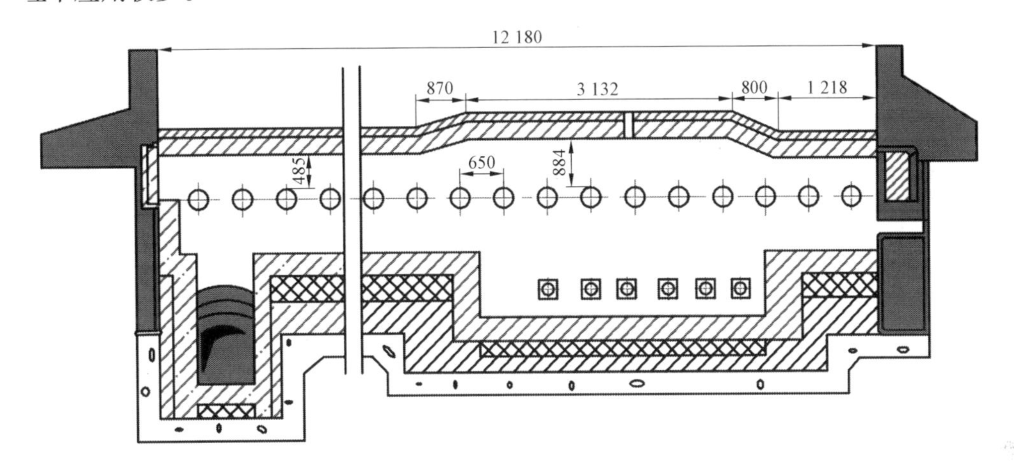

图 1.9　辊底式热处理炉示意图(单位:mm)

(2)优点。

①热效率高。由于炉内辊道的作用,物料可以在炉内匀速或摆动地前进,使得热量能够均匀地散布到工件表面和内部,热效率较高。

②适用范围广。辊底式热处理炉可以处理不同类型的材料,包括钢铁、有色金属、合金等,在各种行业中都有着广泛的应用。

③稳定性好。辊底式热处理炉可以通过控制炉温、物料运行速度以及操作方式等多种因素来实现稳定的热处理效果。

(3)缺点。

①设备成本高。由于需要采用特殊的辊底结构和控制系统等技术,辊底式热处理炉的设备成本相对较高。

②维护难度大。由于设备结构复杂,在维护和保养方面需要投入更多的时间和精力。

③限制较多。辊底式热处理炉在应用过程中需要考虑物料尺寸、质量、形状等多个因素,因此在某些条件下可能会受到一定的限制。

2.罩式热处理炉

罩式热处理炉在冶金厂的使用较广泛,能够对大型、质量较大的工件进行处理。常用于进行板跺和板卷的退火,此外也可以用它处理棒材或中、厚板。

(1)主要结构及生产特点。

图1.10所示为薄板卷退火用罩式炉,适用于薄板材料的热处理。该炉由外罩、内罩和炉台三部分组成。外罩使用钢板焊接而成,内衬则采用石棉板、绝热砖以及轻质黏土砖等材料,外面再加上型钢框架进行加固,整体结构牢固可靠。内罩则采用耐热钢板制作,厚度为3~4 mm,通过压制成瓦棱形来减少工件变形的风险。

图1.10 薄板卷退火用罩式炉

炉台是整个炉子的底座,是固定不动的。炉台的上缘稍高出车间地平面,烧嘴布置在炉台的两侧。为了使炉温均匀,采用为数较多的小烧嘴。欲降低热负荷时,可关闭部分烧嘴,烧嘴前砌有挡墙,以防止火焰直接喷到内罩上。排烟口位于炉台的两端,烟气通过排烟口进入炉台下的烟道。

这样布置烧嘴,对于板垛来说,就是为了在平行于板面的方向上供热。炉子所用的可控气氛、冷却水等,都通过安在炉台上的管路进出。测量板垛温度的热电偶也从炉台插入。内、外罩与炉台之间有密封装置。罩式炉的密封情况对于炉子的操作和产品质量影响很大。为了寻求良好的密封方法,依次出现了砂封、水封和橡胶密封等方法,近年来又开始用耐火纤维作为密封垫圈,使用时将耐火纤维用金属丝网包覆成环形。罩子的下缘压在环状的耐火纤维上。如在密封槽下通水冷却,则更能延长其使用时间。

处理冷轧板卷的罩式炉有单垛和多垛之分。前者一座炉内只有一垛板卷,后者则有2~3垛板卷。单垛炉的技术经济指标较好,所以我国大多数罩式炉都是单垛的。图1.11所示为加热板卷的单垛罩式炉示意图,其中四个钢卷堆成一垛(有的罩式炉是一炉只处理一个钢卷,即单垛单卷的罩式炉)。由图可见,不采取其他措施,在板卷加热过程中主要靠板卷的径向导热,这样加热是很缓慢的。所以,在加热板卷的罩式炉上,都采用循环风机,使炉内可控气氛在循环途中流经板卷的端面,这样可使热量沿板面方向从板卷端头供入。炉内气体循环可使炉子生产率大幅度提高,单位燃耗大幅度下降。

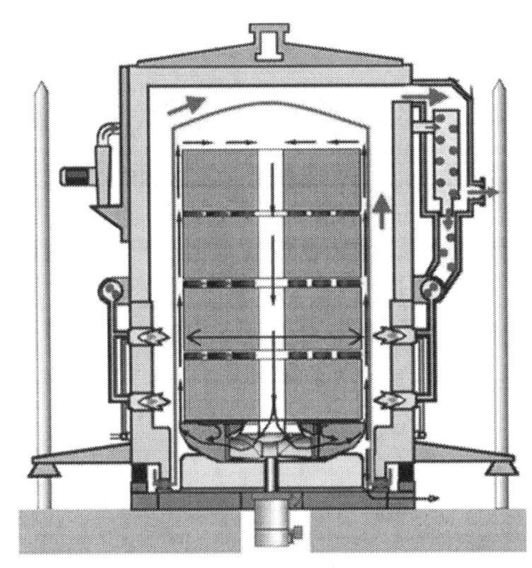

图 1.11　加热板卷的单垛罩式炉示意图

炉台(又称台架)的金属结构呈盘形。循环风机固定在炉台中心的厚钢板上。只有风扇叶轮伸入炉内,其余部分均在炉外。叶轮与风机同轴。电机的壳体和轴都是水冷的。炉台的各部件易于拆卸,并可整体吊走,以便在风机出事故或台架大修时将整个炉台吊到修理场地。

内罩的设计有两种,一种是单层内罩,一种是由两个圆筒组成的双层内罩。双层内罩的好处是可以使气体在炉内形成完整的大循环。循环气流先在双层内罩的环缝中向上流动,到达顶部后才从环缝中流下来,这就避免了气流在炉子下部形成"短路"。板卷垛的顶上,用一块盖板盖住,使循环气流不可能直接从顶上灌入板卷的内腔。

相邻的上下两板卷之间,放一块垫板,它是一块环形的厚钢板,正反两面都焊有许多根螺旋形钢条。气体能顺着螺旋形的通道进入板卷内腔,气流与板卷端面之间的对流传热过程保证了热量有可能轴向地导入板卷内部。这种垫板,通常称为"对流环"。

在风扇叶轮与最下面的一个板卷之间,也有一块类似的环形垫板,不过只是在朝上的一面焊有螺旋形钢条。

板卷罩式炉的烧嘴和排烟口都设在外罩上。外罩的下部有喷射装置,它将烟气抽入金属管的支烟道中。为了保持罩内具有一定压力,被排出的烟气量与供入的煤气量之间应保持一定关系。

板卷在内罩中的冷却是缓慢的,热量主要通过罩子向外传递。冷却时间长,是罩式炉生产率低的重要原因。用快速冷却法可缩短板卷的冷却时间。这种方法的要点是在炉外增设一个换热式冷却器,对循环中的可控气体进行冷却。例如,在板卷的冷却过程中,将部分可控气体抽到炉外,使之通过冷却器进行循环,其余的气体仍在炉内循环。也就是说,在冷却过程中气体有两个循环回路:一个是炉内的循环回路,另一个是通过冷却器的循环回路,这种方法称为“分流冷却法”。快速冷却法的效果取决于冷却器的热交换能力,一般可使罩式炉的冷却能力提高70%左右。

(2)优点。

①热效率高。采用双层结构的外罩和内罩,以及可调节的炉温控制系统,使得罩式炉在热效率和能源利用方面具有显著的优势。

②热均匀性好。由于内罩可以紧密地包裹住工件,从而使得热量能够均匀地散布到工件表面和内部,热均匀性得到很好的保障。

③适用性广。罩式炉可以处理多种不同类型的材料,包括钢铁、有色金属、合金等,在各种行业中都有着广泛的应用。

(3)缺点。

①制造成本较高。由于需要采用特殊材料和技术进行制造,罩式炉的成本相对较高。

②生产周期长。在加热过程中,由于钢板材料膨胀率较大,需要采取一些措施来减少变形的风险,这会使得生产周期变长。

③对环境的要求高。由于热处理过程中需要使用高温气体或者液体,因此需要配备完善的通风系统以及废气处理设备。

3.卧式连续退火炉

卧式连续退火炉是目前仍在使用的连续退火设备,通常用于加工带钢、管材等产品的热处理。

(1)主要结构及生产特点。

卧式连续退火炉整个退火段由预热段、加热段、冷却段(包括快冷段和水冷段)、干燥段构成,如图1.12所示。其特点是各工艺段在生产线上水平布置,带钢在炉内呈水平运行状态,生产线较长。卧式连续退火炉的预热段和加热段大多数情况下分离设置,不过有时候也设置成整体式,就是把预热段和加热段设置为一个炉室。然而卧式连续退火炉的冷却段一般情况下与其他段分离单独设置。卧式连续退火炉通常与开卷机、焊机、机械除鳞、酸洗等设备共同组合成一条生产作业线(机组)。用于热轧卷退火和酸洗的机组称为HAPL机组;用于冷轧后中间退火的机组称为CAPL机组。

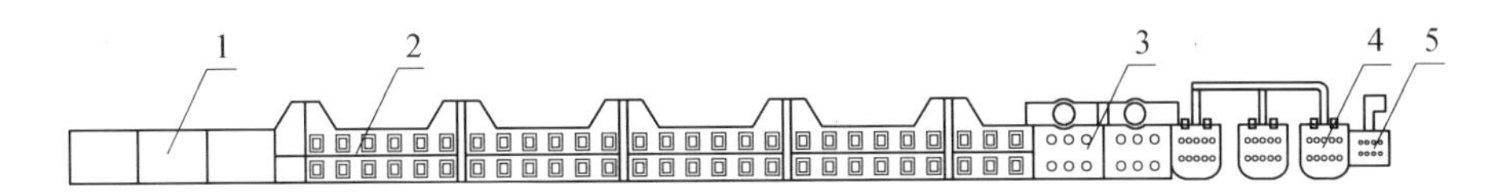

图 1.12　卧式连续退火炉结构示意图

1—预热段;2—加热段;3—快冷段;4—水冷段;5—干燥段

卧式连续退火炉对冷轧带钢的冷却方法开始时使用的是辐射冷却。带钢通过与周围的冷却水箱之间的辐射传热进行冷却。但是由于带钢温度较低时,带钢和冷却水箱之间热流量太低,因此冷却效率很低。20 世纪 60 年代后,喷气冷却、冷水淬等技术被开发出来,但是两者的冷却速度均不能得到很好的控制。80 年代后辊冷技术被研究出来并投入使用。带钢通过和内部装有冷却水的铜辊传导换热实现对带钢温度的控制。冷却速度由带钢通过冷却辊的速度改变。辊冷技术的冷却速度为80~250 ℃/s,冷却速度较快。辊冷技术可以精确地调整带钢冷却完成后的温度,避免了对带钢进行酸洗。在带钢辊冷过程中,为使带钢和炉辊均匀接触,一般在冷却辊前后装有张紧辊,来增加带钢在冷却辊处的张力。但是带钢在温度降低时会收缩,收缩会使带钢在炉辊处发生相对移动,造成带钢表面划伤。并且,由于冷却辊的工作温度和工作荷载不断变化,虽然冷却辊对材质和加工质量要求很高,但是冷却辊的服役时间很短。80 年代后,水淬和辊冷复合冷却工艺以及辊冷和气的复合冷却工艺被开发出来,不仅提高了对带钢冷却速度的控制,而且增加了水冷辊服役时间。目前二次分流技术已经被一些连续退火炉使用。

(2)优点。

随着新连续退火技术不断被提出并应用,卧式连续退火炉近年来不断被完善。卧式连续退火炉在对冷轧带钢进行退火处理时,相对于传统的周期型退火炉具有明显的优势,避免了罩式退火炉退火时间长、加热时带钢温度不均匀、占地面积大等缺点。

(3)缺点。

①卧式连续退火炉在实际生产中还存在一些不足,比如占地面积大,投资大,带钢在行进过程中时常发生跑偏和瓢曲,严重时也会发生断带。这些问题不仅会使卧式连续退火炉的生产效率降低,而且会使带钢表面产生划痕。

②若将卧式连续退火炉用于热轧带钢还原除鳞,需考虑到热轧带钢弯曲刚度大,转向困难。卧式连续退火炉内的导向辊尺寸必须很大才能降低带钢转向时的弯曲应力,使带钢转向顺利。

4.立式连续退火炉

立式连续退火炉通常被用于退火、热处理、焙烧等加工过程，是现在应用最广泛的带钢连续退火设备。

(1)主要结构及生产特点。

立式连续退火炉是由开卷机、焊接机、脱脂装置、退火装置、冷却装置等组成的连续生产作业线。其特点是炉体为立式，带钢在退火炉中垂直运行。立式连续退火炉一般采用辐射管加热，为了防止带钢在加热过程中被氧化，向炉膛内通入保护气体。

立式连续退火炉的功能是将带钢加热到再结晶温度，消除冷加工硬化，提高带钢的塑性和韧性，并进行过时效处理改善带钢的深加工性能。连续退火的加热周期特点是快速加热、短时保温、急速冷却，整个过程仅几分钟。带钢在退火炉内快速运动，从进入到离开退火炉依次经过预热段(PHS)→加热段(HS)→均热段(SS)→缓冷段(SCS)→快冷段(RCS)→过时效段(OAS)→终冷段(FCS)完成退火的工艺要求，其中各个过程有着各自的工艺特点和要求。立式连续退火炉工艺流程示意图如图1.13所示。

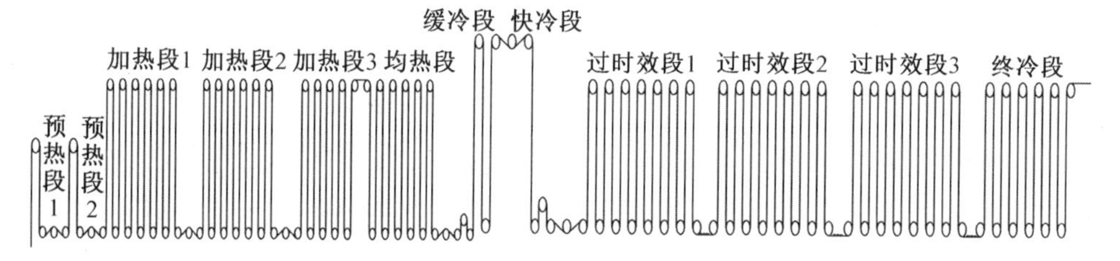

图1.13 立式连续退火炉工艺流程示意图

(2)优点。

与卧式连续退火炉相比，由于立式连续退火炉炉体的储料能力主要和炉体的高度有关，因此立式连续退火炉的占地面积明显降低。此外，立式连续退火炉相比卧式连续退火炉对带钢加热更加均匀，带钢的质量也更好。

(3)缺点。

①在实际生产中，由于立式连续退火炉的结构复杂，加工安装时难度较大，而且厂房高度必须很高，因此立式连续退火炉的建设成本要高于卧式连续退火炉。

②由于卧式连续退火炉中带钢储料长度较长，因此带钢在行进过程中容易发生跑偏，发生故障后维修的难度也很高。现有的带钢立式连续退火炉一般只适用于厚度在2 mm以下的冷轧带钢，在对热轧带钢还原除鳞时，热轧带钢由于弯曲刚度过大，会在行进过程中转向困难。因此现有的立式连续退火炉也不适用于热轧带钢的还原除鳞。

1.2　各种热处理炉的生产工艺

1.2.1　加热炉生产工艺

轧钢加热炉生产工艺包括金属的加热工艺和加热炉的热工制度。金属的加热工艺有金属加热时的氧化和脱碳、金属的加热温度和加热速度。加热炉的热工制度包括炉温制度、供热制度和压力制度。

1.2.1.1　钢的氧化

在钢材生产过程中，钢在高温炉内要经过多次加热和冷却，由于炉气中含有大量的 O_2、CO_2、H_2O，因此每次加热和冷却时，钢锭（坯）表面都会发生氧化生成氧化铁皮，从而造成钢的烧损，钢坯每加热一次，就会有 0.5%～3%的钢由于氧化而烧损。

钢的氧化，不但会增加金属的大量消耗，增加生产成本，而且会引起一系列不良后果。

（1）降低钢的质量。

轧制时氧化铁皮未脱落而被压入钢坯，严重影响钢坯的质量，甚至会影响钢的机械性能、表面光洁度和耐蚀性能等。如果氧化层过深，会使钢坯的皮下气泡暴露，轧后造成废品。

（2）影响加工过程。

钢的氧化会形成硬度较高的表面层，这种表面不易加工，由于氧化铁皮的存在，精密模锻无法进行。

（3）危及设备安全。

氧化后产生的氧化铁皮脱落到加热炉内，堆积在炉底，特别是实炉底部分，不仅使炉体耐火材料受到侵蚀，而且影响炉子寿命。

（4）增加生产工序。

清除氧化铁皮是一项很繁重的劳动，不得不增加必要的工序，严重的时候加热炉有可能会被迫停产。

（5）增加能源消耗。

钢的氧化会导致金属表面温度升高，从而增加钢材加热所需的能量，造成资源浪费和能源消耗加大。

1.2.1.2　钢的脱碳

在钢材加热过程中，由于高温炉气的存在和扩散作用，未被氧化的钢表面层中的碳原子会向外扩散，同时炉气中的氧原子也会透过氧化铁皮向里扩散。当两种扩散相遇并作用时,会导致钢表面层中的碳原子被烧掉,从而使得钢的表面层中的化学成分发生贫碳的现象,这一现象称为脱碳。

钢的脱碳会对轧钢过程和钢的性质产生多方面的危害。

(1)降低钢的机械性能。

脱碳会导致钢的硬度、强度和韧性等机械性能大为降低,比如,高碳钢就是依靠钢中的碳而具有足够的硬度,如果表面脱碳则硬度会大大降低,严重时可能成为废品。

(2)降低钢的疲劳寿命。

脱碳使钢的抗疲劳强度降低,尤其是在弹簧钢中尤为显著。对于需要淬火的钢,往往达不到要求的硬度,降低钢的淬火硬化能力,同时还容易出现裂纹,不利于后续的热处理。

(3)增加生产工序。

脱碳增加了除去脱碳层的生产工序和劳动量,影响生产成本。

(4)影响加工过程。

脱碳会使得切削力增加,刀具寿命缩短,同时也会引起夹杂物和表面裂纹等加工缺陷。

1.2.1.3 金属加热温度

金属加热温度是指在金属热加工过程中,金属出炉前的表面温度。一般来说,加热温度越高对热加工过程越有利,因为适当的加热温度可以使金属塑性较好,减少加工时的变形阻力,同时还能增加轧机压下量,提高轧制速度,从而提高产量。但是,加热温度过高也容易导致金属表面氧化脱碳现象的发生,因为高温环境会促进金属表面氧化物的生成和钢中碳元素的流失,从而影响产品质量。而且,过高的加热温度还会增加能耗和成本,降低经济效益。

另一方面,金属加热温度也不能太低。如果加热温度过低,就无法保证金属达到所需的终了加热温度,从而影响产品的性能和质量。此外,随着加热温度的降低,金属的塑性也会有所减弱,从而增加加工时的变形阻力和塑性应变,影响加工效率和产量。

因此,在选择金属加热温度时,需要考虑多种因素的综合影响,包括金属的材质、加热方式、产品尺寸和形状等。一般来说,每种金属都有一个相对合适的加热温度范围,需要根据实际情况进行调整和控制,以确保产品的性能和质量。

1.2.1.4 金属加热速度

金属加热时,通常以表面温度升高的速率作为加热速度,单位为 ℃/h。这种方法可以反映加热的快慢,也方便计算,但在实际生产中,有时也需要使用其他方式来表示加热速度,例如单位厚度料坯加热到加热温度所需时间(如每 cm 厚的钢坯需多少 min)或单位时间加热的厚度(cm/min)。

加热速度快可以提高炉子的单位生产率,同时也可以减少金属的氧化,从而减少废品率。然而,加热速度过快也会导致金属内部和表面的温度差异增大,从而产生温度应力。特别是在大型钢铁生产,如高炉、转炉、连铸等过程中,由于钢坯尺寸较大,加热速度过快容易造成钢坯表面和内部温度不均匀,从而造成钢铁质量下降,严重时甚至可能导致裂纹、变形等问题。

因此,在金属加热过程中,需要根据具体情况选择适当的加热速度。一般来说,较小的加热速度可以减少温度应力,但会牺牲一些生产效率;相反,较大的加热速度可以提高生产效率,但需要注意控制温度应力的影响。同时,针对不同的金属材料和生产工艺,也需要进行具体的加热方案设计和优化,以保证加热质量和生产效率的平衡。

1.2.1.5　炉温制度

炉温制度是指炉内的温度分布,主要是沿炉长方向上的温度分布。加热炉的炉温制度大体可分为一段式、两段式、三段式和多段式。需要注意的是,多段式炉温制度严格来说也是按照三段式炉温制度进行设计的,只不过采用了多点供热的方式,以满足特定炉型和加热要求。

一段式炉温制度也就是简单逆流制度,整个炉子内部只有一个加热区域,物料从头至尾都在这个区域内进行加热,它只能靠提高全长上的炉温水平来强化加热,而高温端的炉温又受到加热工艺的限制,所以炉子后部的炉温就低了,因而生产率比其他炉型低,很难满足高产出和高质量的生产需求。一般在保证料坯加热温度为1 200~1 250 ℃时的炉底强度只有 200~250 kg/(m^2·h)。虽然在生产中有时也会看到这种炉子达到了较高的炉底强度,但应该注意,那是在加热温度较低的情况下进行轧制,由于轧制道次少也可以维持较高的产量,而炉膛内的传热却还是较弱的。而且,一段供热的简单逆流制度的炉子在操作上没有灵活性,难以适应产量和钢种的变化,不易保证良好的加热质量。

两段式炉温制度是将加热炉分为预热段和加热段,加热段也叫高温段,物料先进入预热段进行初步加热,再进入加热段进行深度加热,这样既能保证物料被均匀加热,提高加热效率,还能减少金属氧化和脱碳现象的发生。比起一段供热的简单逆流制度来说,两段制度的特点是延长了高温段,这样在保证最高炉温不变的条件下提高辐射温压,进而提高炉子生产率。两段式炉温制度的另一个特点是没有均热段,金属在出炉前没有机会进行减小断面温差的均热,所以加热段的炉温不能太高,通常比金属加热温度高 50~100 ℃,最多不得超过 150 ℃。

三段式炉温制度在两段式的基础上增加了均热段,该区域主要用于平衡物料内部的温度分布和外部与内部的温度差异,从而避免加热速率过快造成的温度应力和变形。均热段炉温约比金属加热温度高 30~50 ℃,一般为 1 230~1 250 ℃;加热段炉温可比金属加热温度高 150~200 ℃,废气出炉温度依炉子长度、余热利用水平等具体条件而变,通常变化幅度为 800~1 000 ℃。三段制度和两段制度相比,在同样要求的加热温度和断面温差条件下,可以得到较高的生产率;在同样较大的生产率的条件下可以得到断面温差更小的金属料坯。因此在三段制度,均热段能减小断面温差并控制出钢温度,保证加热质量;加热段可提高炉温,追求生产率;预热段可利用炉气热量,追求热效率,故被认为是最理想的炉温制度。

多段式炉温制度是指在三段式的基础上使用了更多的加热区域,通过分段供热的方式实现更细致的温度控制和均匀加热。这种方式适用于对物料质量要求较高的生产环境,如高端钢材、精密铸造等领域。多段式加热炉结构示意图如图 1.14 所示。

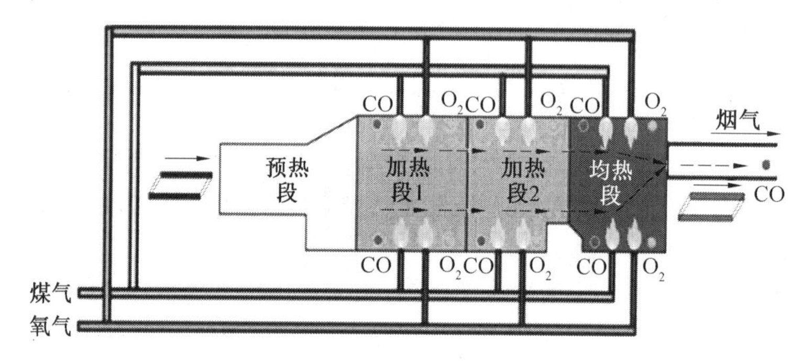

图 1.14　多段式加热炉结构示意图

根据具体生产情况和金属材料的特性,合理选择炉温制度和加热参数,对提高工艺效率和产品质量都具有重要作用。

1.2.1.6　供热制度

供热制度是指炉内的供热分配,它和炉温制度是互为因果的关系。供热制度的设计和实现需要根据炉温制度的要求来确定,主要通过合理布置燃烧器等方式来保证炉内物料能够得到均匀的加热。

在设计加热炉时,供热制度的选择对炉温分布和加热效率都有很大影响。例如,在一段式炉温制度下,可以采用集中供热的方式,即将所有的燃烧器布置在同一侧面,这样可以使炉子内部的温度分布相对均匀,但由于物料需要在一个区域内进行加热,加热效率较低,而在多段式炉温制度下,需要采用分散供热的方式,即将燃烧器分布在不同位置,以满足不同加热区域的需求,从而实现更细致的温度控制和均匀加热。

在操作加热炉时,供热制度的调整也会对炉温制度产生影响。例如,如果需要提高炉内的某个区域温度,可以增加该区域燃烧器的供气量或者调整其位置,以增加该区域的加热强度。但这样可能会导致其他区域的温度下降,因此需要在不影响整体温度分布的前提下进行控制。

1.2.1.7　压力制度

在炉内的温度控制中,炉膛压力制度也扮演着关键的角色。操作时,常常通过调节烟闸等设备来调整炉内各段的温度分布和加热速率。因此,在设计和运行连续式加热炉时,需要将炉膛压力制度作为重要参数考虑进去,合理设计通风系统和排烟系统,以实现稳定可靠的加热过程,提高生产效率和产品质量。

轧钢加热炉的能源消耗量占钢铁生产总能耗的 10%~20%,轧钢加热炉的煤气消耗占轧钢工序能耗的 80%左右。轧钢工序中蓄热式加热炉应用最为广泛,蓄热式燃烧系统由蓄热烧嘴、三通换向阀、空煤烟管道系统、风机、控制系统等组成,蓄热式加热炉工艺简图如图 1.15 所示。每个三通换向阀的煤气、烟气管道是相互独立的,但是三通阀到烧嘴之间的管道则是煤气和烟气共同使用的。在正常生产时,燃烧侧的烧嘴将会由燃烧状态切换到排烟状态,即三通换向阀将会由进煤气状态切换到排烟气状态,换向后公共管道内的煤气将会被抽到排烟管道中,而且由于换向阀每隔 40~90 s 将换向一次,加热炉的各个控制段将会不停地排放公共管道中的煤气,这将导致公共管道内的大量残余煤气随着加热炉排放的烟气直接排放至大气中,CO 浓度达到 5%以上,蓄热式加热炉吨钢燃气放散量约为 12 m^3,因此轧钢加热炉 CO 排放量巨大,造成能源浪费,又造成了严重的环境污染。

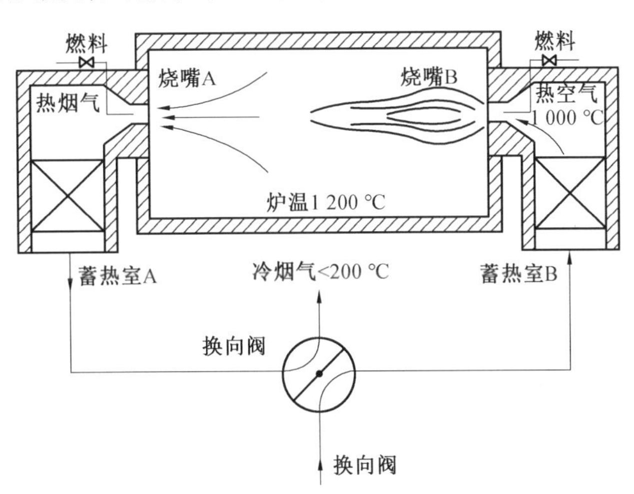

图 1.15　蓄热式加热炉工艺简图

压力制度是指炉内的压力分布,包括沿炉长和炉高方向上的压力分布。

炉头吸冷风一般是进风口处压力过低，导致外界空气进入炉膛，降低了炉温和热效率。因此，需要通过调整炉膛压力制度，增加进风口处的压力，减少空气的进入，从而保证炉内温度的稳定和均匀性。

炉尾冒火则可能由于排烟口处压力过高，烟气无法顺利排出，反而向炉内回流，引起燃烧不充分和爆炸等危险情况。为此，需要控制炉膛内部的压力分布，保持排烟口处的适当负压，确保烟气畅通排出，同时也有利于减少废气排放，节约能源。

1.2.2 其他热处理炉生产工艺

热处理的主要控制参数有加热速度、加热温度、保温时间和冷却速度，也称为热处理的四大要素。在热处理时，四大要素的设定因材料的大小、形状、化学成分等不同而不同。正确地制定热处理参数，是保证实施好工艺，获得良好材料性能，满足使用要求的关键。热处理根据加热和冷却速度的不同，一般有正火、退火、淬火、回火等工艺。

1.2.2.1 正火

正火是一种常用的热处理工艺，其基本流程为将钢加热到 Ac3 以上 30~50 ℃保温一段时间，然后在室温的静止空气中自然冷却。正火的主要目的是通过均匀化组织、细化晶粒，调整硬度，消除网状渗碳体，并获得适宜的机械性能，为后续加工、球化退火及淬火等工艺做好组织准备。

正火是工业生产中常用的热处理工艺之一，应用非常广泛，既可以作为预备热处理工艺，为后续热处理工艺提供合适的组织状态，例如为过共析钢球化退火提供细片状珠光体、消除网状碳化物等；也可以作为最终热处理工艺，直接提供合适的机械性能，例如对于碳素结构钢零件的正火处理等。此外，正火还可以用来消除某些处理带来的缺陷，例如消除粗大铁索体块、魏氏组织等。在一些特殊情况下，正火还可以起到改善钢材性能的作用，例如减轻内应力、提高韧性等。

需要注意的是，正火的具体加热温度和保温时间等参数应该根据不同的钢材种类和具体要求进行调整，以获得最佳的热处理效果。同时，在正火过程中需要保证钢材表面的清洁和平整，避免出现局部过热或过冷等问题，从而影响正火效果。

1.2.2.2 退火

退火处理是钢材中使用最广、种类最多的热处理工艺之一。在退火过程中，通过合适的加热速度将钢材加热至保温温度并保持一段时间，随后采用适当的冷却速度降温至室温。

退火的主要目的在于降低材料硬度、改善组织均匀性以及提高加工性能。根据保温温度的不同，退火可以分为两大类：一类是在临界温度（Ac1 或 Ac3）以上的退火,包括完全退火、不完全退火、等温退火、扩散退火和球化退火等;另一类是在临界温度以下的退火,包括软化退火、再结晶退火和去应力退火。

对于不同的钢材种类和具体要求,退火时加热温度、保温时间、冷却速度等参数都需要进行调整,以获得最佳的热处理效果。在退火过程中还需要注意钢材表面的清洁和平整,避免出现局部过热或过冷等问题,从而影响退火效果。此外,退火还可使化学成分均匀化,改善机械性能及工艺性能,并消除或减小内应力,为零件最终的热处理过程提供适宜的内部组织状态。

退火处理是一种经济、简便且有效的热处理方法,在钢材生产和加工中都有广泛的应用,也可以作为其他热处理工艺的预备处理工艺,如球化退火可以为过共析钢提供细片状珠光体,从而为后续处理提供合适的组织状态;完全退火可以细化晶粒,降低硬度,消除内应力,改善可加工性;球化退火可以使碳化物球化,可改善共析钢、过共析钢的切削加工性,降低硬度。

1.2.2.3　淬火

淬火是一种常用的热处理工艺,其基本流程为将钢加热到临界温度(Ac1 或 Ac3)以上,保温一定时间奥氏体化后,以大于临界冷却速度进行冷却。淬火钢的组织主要为马氏体,也可以获得贝氏体或者马氏体与贝氏体混合组织。对于某些高碳高合金钢材,还可能存在少量残余奥氏体和未熔的第二相。

淬火的主要目的是提高金属材料和零件的机械力学性能。淬火后的钢材硬度高、强度大、韧性低,但脆性大,容易出现开裂等问题。因此,在很多情况下需要通过回火等工艺方法来降低钢材的硬度和脆性,提高其韧性和塑性,从而获得更好的综合机械性能。机械加工行业一般采用淬火和回火相结合的方法来获得所需的性能。

淬火的具体参数如加热温度、保温时间、冷却速度等需要根据钢材的种类和具体要求进行调整,以获得最佳的热处理效果。同时,在淬火过程中需要保证钢材表面的清洁和平整,避免出现局部过热或过冷等问题,从而影响淬火效果。淬火还有助于消除钢材中的内应力,从而提高零件的稳定性和耐用性。

需要注意的是,淬火工艺需要严格控制温度和时间等参数,以确保淬火钢材的质量和性能。同时,淬火过程中产生的高温和高压也可能对设备和环境造成一定的危害,因此需要采取相应的安全措施。

1.2.2.4　回火

回火是一种常用的热处理工艺,它是指将经过淬火处理后的钢材在 Ac1 以下的合适温度下进行加热、保温和速度冷却,以获得所需要的组织和性能。回火的主要目的是消除或降低因淬火引起的残余内应力,改变淬火组织,降低材料的脆性,提高钢的韧性和塑性。

回火可以按照加热温度不同分为低温回火、中温回火和高温回火等类别,每种回火方式都对应着不同的组织状态和力学性能。低温回火可以获得高强度和优异的韧性,中温回火可获得相对较高的强度和韧性平衡,而高温回火则可以获得较高的塑性和良好的韧性。

在机械加工行业中,淬火加高温回火的组合热处理工艺称为调质处理。调质处理可以使钢材获得高强度、高韧性和良好的加工性能,被广泛应用于制造高强度和高耐磨性零件的领域。

需要注意的是,回火的具体加热温度、保温时间和冷却速度等参数应该根据不同的钢材种类和具体要求进行调整,以获得最佳的热处理效果。在回火过程中还需要注意钢材表面的清洁和平整,避免出现局部过热或过冷等问题影响回火效果。

1.3 主要产污环节

1.3.1 轧钢加热炉主要产污环节

轧钢加热炉是现代冶金工业中不可或缺的基础设施,但同时也是一种重要的环境污染源。钢坯表面氧化铁皮的产生以及加热炉以高、焦、转炉混合煤气为燃料燃烧是轧钢加热炉的主要污染环节。

氧化铁皮的产生直接导致了钢材资源的浪费,而我国冶金生产过程中钢坯通过加热炉后氧化烧损率一般为1.3%左右。对于一台年产量为1 000万t的加热炉来说,每年因氧化烧损浪费掉的钢材高达13万t,相当于一个中型钢厂的总产量。因此,减少钢坯表面氧化铁皮的产生对于提高钢材利用率至关重要。

1.3.2 热处理炉主要产污环节

热处理生产是现代工业中重要的制造环节之一,但同时也是一种重要的环境污染源,主要表现在三个方面:废水、废气和废渣。

热处理废水有8~10种,归纳起来主要包括钡盐废水、硝盐废水和含油酸碱废水等多种类型。其中,钡盐废水主要来自盐浴热处理过程;硝盐废水涉及高速钢刀具回火、等温淬火、分级淬火等多个方面;含油酸碱废水则来源于淬油工件的清洗、发蓝酸洗废水、氧氮化处理废水、喷砂工件酸洗废水以及模具真空淬油清洗、回火工件清洗、酸雾净化塔排液等多个环节。其中,氯化钡废水有沉渣,会造成排水管路、集水池沉淀过多而导致挖运很困难,也会造成压滤机、滤布等堵塞。这些废水中含有各种有害物质,可能对环境和人类健康造成不良影响。

废渣主要来自盐浴热处理过程中形成的残留物。高温盐浴炉每天都需要脱氧捞渣，而其他类型的盐浴炉，如中温炉、低温炉、硝盐回火炉、等温淬火及分级炉、盐浴化学热处理炉等，也或多或少都会产生废渣。这些废渣含有重金属等有害物质，可能对土地和水源造成严重污染。

废气主要来自热处理过程中的燃烧和加热等环节。这些废气中含有大量有害物质，如 CO_2、SO_2、NO_x、有机物等，会对环境和人体健康造成潜在危害。热处理废气主要可以分为两大类：刺激性气体和窒息性气体，这些废气都具有不同程度的毒性。废气的来源主要包括以下6个方面。

①盐浴炉是一种常见的热处理设备，其产生的烟雾中含有氯化钡、氯化钠、氯化钾、亚硝酸钠、硝酸钠及硝酸钾等化学物质。

②在气体渗碳、气体渗氮、碳氮共渗等化学热处理工艺中，会产生 CO、NH_3、氰化氢（HCN）及氢氰酸盐、甲醇（CH_3OH）、丙酮（CH_3COCH_3）、苯（C_6H_6）、NO_x、甲烷（CH_4）等挥发性有机物（VOCs）。

③酸洗中使用的酸和苛性钠也会产生有害物质。

④淬火、回火油槽中的油蒸气也是一种重要的污染源。

⑤清洗剂中的汽油、苯等化学物质也可能产生废气。

⑥冷处理液中常含有氟利昂等有害物质，可能发生泄漏而导致大气污染。

第2章　污染物排放状况及相关标准、政策

2.1　主要污染物排放状况

中国钢铁工业主要采用以煤炭为主要燃料的“高炉-转炉”长流程冶炼工艺，在钢铁生产过程中排放出大量的大气污染物，主要包括SO_2、NO_x和颗粒物等，具有工艺复杂、大气污染源排放点多，污染因子多，污染物排放量较大，烟气阵发性强、无组织排放较大，具有回收价值等特点。

轧钢工艺主要包括热轧及冷轧两类工序，各工艺流程及排污节点如图2.1和图2.2所示。

热轧工序废气污染物主要分为两部分：一是加热炉以天然气、高炉煤气、混合煤气等为燃料，燃烧后产生含少量SO_2、NO_x等污染物的烟气；二是轧机在轧制过程中产生的粉尘。冷轧拉伸矫直、焊接、各机组平整机平整等过程产生粉尘；酸洗机组酸洗槽、废酸再生装置产生酸雾；连续退火机组、热镀锌机组、电镀锌机组等清洗段产生碱雾；冷轧机组轧制产生乳化液油雾；各退火炉燃煤气产生含SO_2、NO_x及少量颗粒物的烟气。

2.1.1　生成污染物的主要影响因素

轧钢加热炉排放的污染物为天然气、煤气（高炉煤气、混合煤气等）燃烧后产生的烟气，温度在90~150 ℃，颗粒物粒径小，工况波动大。随着煤气的品质和压力波动，烟气中颗粒物的排放浓度为30~100 mg/m^3，SO_2的排放浓度为100~300 mg/m^3，NO_x的排放浓度为300~500 mg/m^3。这些污染物排放对环境和人类健康构成了严重威胁，其主要影响因素包括以下几方面。

1.原材料质量与数量

轧钢过程中使用的铁矿石、废钢等原材料的质量和数量直接影响到炉渣、废气等污染物的排放。

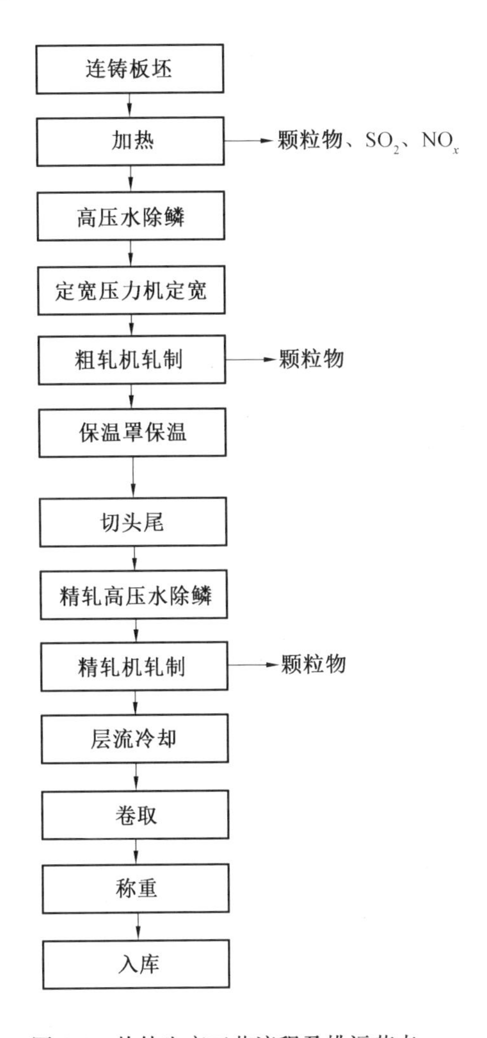

图 2.1　热轧生产工艺流程及排污节点

2.炉型和炉况

不同类型的炉子在加工过程中会产生不同种类和数量的废气，例如电弧炉和高炉的废气成分存在明显差异。此外，炉况的好坏也会影响到废气的排放量。

3.燃料类型

传统的高污染燃料，如煤、焦炭等含有大量的硫和氮，这些元素在燃烧时会产生 SO_2、NO_x 等污染物，对环境造成严重影响。而采用清洁能源，如天然气、液化气等可以降低污染物的排放浓度和排放总量，减轻环境污染。

4.生产工艺

不同的生产工艺会产生不同种类和数量的工业废气、废水和固体废物。例如，在轧钢生产过程中，钢坯表面会形成氧化皮，需要进行除锈处理，而不同的除锈方式也

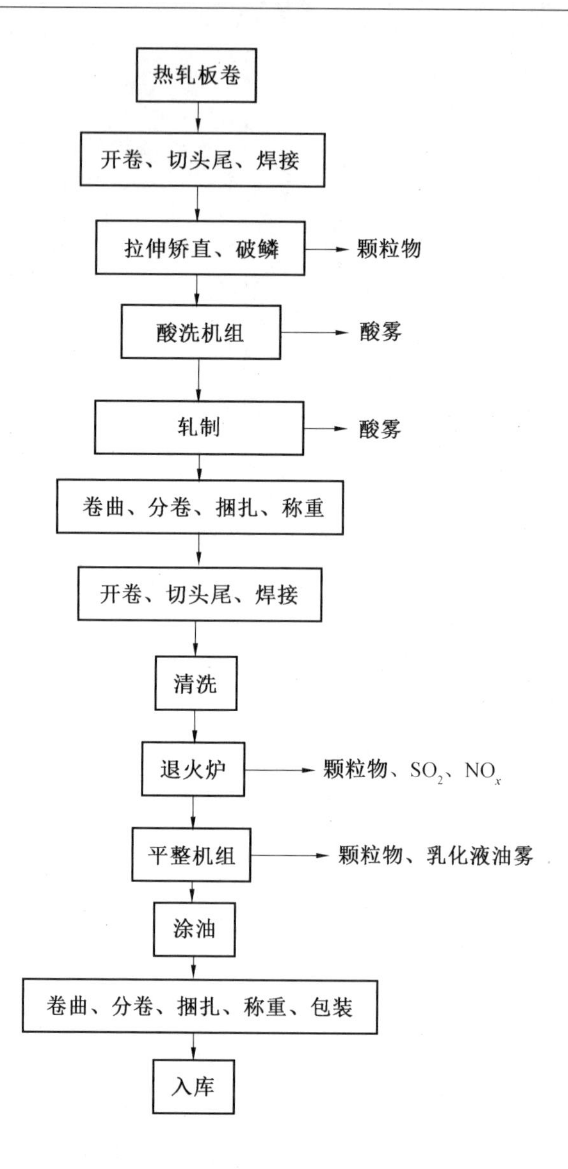

图 2.2　典型冷轧(板卷)生产工艺流程及排污节点

会导致不同种类的废气排放。炉膛加热、钢坯轧制等环节都会产生大量废气,其中包括 CO_2、CO、NO_x、SO_2等污染物。相对于传统的生产工艺,现代化的生产工艺可以采用先进的净化技术,如烟气脱硝、烟气脱硫等,有效地减少污染物的排放。

5.热处理温度

在高温条件下,产生大量的 NO_x和颗粒物等污染物。此外,随着轧钢企业生产规模的不断扩大,对热处理炉的要求也越来越高,使得炉温不断升高,进而导致排放的污染物浓度增加。

6.排放治理设施

轧钢企业的污染治理设备对于污染物的减排效果也至关重要。例如,废气处理系统中的除尘器、脱硫装置等设备的运行情况和维护水平会影响到废气污染物排放的浓度。

7.管理和监测手段

管理制度是否健全、执行是否到位,以及监测手段的完善程度都会直接影响到污染物的排放情况。

为了减少轧钢对环境造成的污染和损害,需要从源头控制、工艺优化、治理设施改造等多方面入手,加强管理和监督,并鼓励企业采用更为环保的生产工艺和清洁技术,共同推进绿色发展,实现经济可持续发展与环境保护的双赢。

2.1.2　污染物排放特征

轧钢工序主要的生产原料是已经成型的钢坯或钢材,没有散状原料,因此产尘点相对较少,产尘量也较小。产尘点主要集中在加热炉、热处理炉等排放的含尘烟气中,轧机轧制时轧辊与钢坯的挤压、摩擦过程中,以及钢坯表面的氧化铁粉末随着高温水蒸气向外部扩散的含尘烟气中。

1.颗粒物

在加工过程中,金属表面可能会产生氧化铁皮、焊接粉尘等微小固体颗粒物,通过摩擦、振动等方式进入空气成为粉尘,同时在燃料燃烧和烟气流动过程中也可能产生大量粉尘。轧钢工序颗粒物特性见表 2.1。

表 2.1　轧钢工序颗粒物特性

生产流程	产尘点	真密度/$(g\cdot cm^{-3})$	质量粒径分布/%			化学成分/%				游离 SiO_2 /%
			>10 μm	5~10 μm	<5 μm	TFe	SiO_2	CaO	MgO	
轧钢	初轧	5.85	87.4	0.7	11.9	69.1	2.58	0.86	0.62	1.17
	型钢	5.76	83.7	2.9	13.4	65.13	3.54	1.75	1.81	12.0
	钢板	4.41	85	2.5	12.5	59.68	5.85	3.13	1.77	1.0
	钢管	5.76	82.4	3.1	14.5	57.8	5.28	2.75	1.48	11.9

(1)粒径分布广泛。

颗粒物的粒径分布范围较广,从纳米级别到几十微米都有可能存在。

(2)成分复杂多样。

颗粒物的成分复杂,主要包括氧化铁皮、碳黑、硅酸盐、重金属、有机物等物质,主要成分因不同燃料和材料处理方式而异。其中,氧化铁皮是最主要的成分之一。

（3）排放浓度高。

由于热处理炉产生的颗粒物具有细小的特点，且其产生源集中在特定区域，颗粒物排放浓度通常较高，根据不同工艺和设备管理水平，其排放浓度可能在数百到几千 mg/m^3之间，超标率也较高。

（4）形式多样。

颗粒物通常以各种形式存在，如固体颗粒、液态颗粒或气态颗粒等。

2.SO_2

SO_2的排放主要是由于燃料中含有硫分，当燃料在高温下燃烧时，硫分会与氧气发生反应而产生。其排放特征主要包括以下几个方面。

（1）排放浓度。

热处理炉中的 SO_2排放浓度通常较低，但也会受到许多因素的影响。

①燃料性质和质量。燃料中含硫量对 SO_2的排放浓度具有重要影响，硫分较高的燃料会导致更高的 SO_2排放浓度。此外，燃料的水分、挥发分、灰分等特性也会对 SO_2排放浓度产生影响。

②炉内温度和氧气含量。热处理炉燃烧时，温度和氧气含量的变化直接影响着 SO_2的生成和排放浓度，通常情况下，炉内温度和氧气含量越高，对应的 SO_2排放浓度也越高。

③烟道参数。烟道的流速、温度、湿度等参数也会影响 SO_2的排放浓度。

④设备管理和维护。设备的正常运行和维护对于控制 SO_2排放也至关重要，如定期清理过滤器、检查燃料喷嘴等操作可以有效地降低 SO_2排放浓度。

（2）存在形式。

SO_2可能以气态或液态形式存在。

①气态 SO_2。在高温条件下，当燃料中的硫分与氧气反应生成 SO_2时，SO_2会以气态形式存在于炉内烟气中。

②液态 SO_2。当 SO_2排放到炉外时，烟气中的水蒸气在低温下会与 SO_2发生反应，生成亚硫酸，进而氧化成硫酸，并附着在烟囱内壁和过滤器上。液态 SO_2通常以酸性水溶液的形式存在，对环境和设备都具有一定的腐蚀作用。

（3）影响范围。

SO_2排放对环境的影响范围比较广泛，可能通过空气传播到周围地区，对空气质量和人体健康产生不良影响。采用低硫燃料或者调整炉内氧气含量，可以有效地降低 SO_2的生成量。此外，还可以通过安装脱硫设备等措施来减少 SO_2的排放。

3.NO_x

NO_x是由于加热炉内混合煤气燃烧时，氧气和空气中的氮气在高温下反应而产生的。NO_x排放是由于高温下氮与氧气发生反应，主要成分为 NO 和 NO_2两种化合物。其排放特征如下。

(1)排放浓度。

热处理炉的工作环境通常温度较高、压力较大、空气流动速度较快,这些因素会促进氮气和氧气的反应,从而加剧 NO_x 的产生,导致其排放浓度通常较高。

①NO_x 排放浓度随燃料种类和质量的不同而变化。例如,采用含氮量高的燃料时,NO_x 排放浓度较高;而采用含氮量低的燃料时,NO_x 排放浓度较低。

②在炉内操作过程中,NO_x 排放浓度也会有所变化。例如,在高温煤气冷却过程中,煤气中的 NO_x 会随着温度的降低而逐渐减少;而在鼓风过程中,则可能因为氧气的供应增加而导致 NO_x 的生成增加。

(2)组成复杂。

一般来说,燃料燃烧烟气中 NO_x 主要有 NO 和 NO_2 两种形式。轧钢热处理炉烟气 NO_x 主要以 NO 形式存在,少量以 NO_2 形式存在,不同 NO_x 的物性参数见表 2.2,NO 不溶于水,而 NO_2、N_2O_5 等高价态 NO_x 易溶于水。采用含氮量高的燃料或高温燃烧时,NO_2 的比例较高;而采用低灰分、低硫分的燃料或脱氮技术时,NO_2 的比例相对较低。除 NO 和 NO_2 之外,还可能同时存在 N_2O 等其他 NO_x。其中,N_2O 排放量虽然较小,但它却是一种强效温室气体;NH_3 排放量较大,对空气质量和人类健康也有潜在影响。

表 2.2　几种 NO_x 的物性参数

名称	化学式	沸点/℃	熔点/℃	稳定性	溶解度/(g·L^{-1})	颜色	毒性
一氧化氮	NO	−151	−163.6	不稳定,易被氧化	0.032	无色	有毒
二氧化氮	NO_2	21	−11.2	较稳定	213	红棕色	有毒、刺激性、腐蚀性
一氧化二氮	N_2O	−88.5	−90.8	较稳定	0.111	无色,有甜味	有毒
三氧化二氮	N_2O_3	3.5	−102	不稳定,常温下易分解为 NO 和 NO_2	500	红棕色	有毒
四氧化二氮	N_2O_4	21.2	−11.2	易分解为 NO_2	213	无色	剧毒,且有腐蚀性
五氧化二氮	N_2O_5	47	32.5	较不稳定	500	无色	有毒

为了降低 NO_x 对环境和人类健康的影响,需要采取有效的措施,比如调整炉内氧

气含量和供气速度、减少燃料中的氮含量、采用低氮燃烧技术等。同时,还需要建立完善的监测体系,对 NO_x 排放进行实时监测和评估,以便及时采取措施控制其排放量。

2.1.3 轧钢热处理炉企业、生产线分布及统计状况

近年来,我国轧钢技术发展迅速,新建或在建的轧钢生产线不断增加,特别是高端轧钢产品、特种钢种和高附加值钢材的需求不断提高,对于轧钢技术创新和设备研发提出了新的要求。钢铁生产能耗结构中,轧钢工序占总能耗的 10%~15%,轧钢工序的能耗状况直接影响着整个钢铁行业的可持续发展。其中,轧钢加热炉作为轧钢系统的主要耗能设备,其能源消耗和环境污染问题亟待解决。

据统计,轧钢加热炉占轧钢工序能耗的 60%~70%,是轧钢系统的主要耗能设备,因此,如何改进轧钢加热炉的能耗性能,提高其热效率和资源利用率,减少污染排放等成为当前轧钢技术研究和生产实践的重要课题。随着轧钢产能的提高,轧钢加热炉数量增长迅速,而且向着大型、高效、低污染等方向发展。在此背景下,采用先进的轧钢加热炉技术和设备,优化加热工艺参数,提高燃烧效率和传热强度,实现轧钢加热炉的高效节能和环保排放,已经成为轧钢企业不可或缺的技术手段。

针对这一问题,国内外相关专家学者进行了大量研究和实践探索。从加热方式来看,传统的燃气、燃油等加热方式存在热效率低、污染排放严重等问题,因此出现了一些新型加热方式,如电加热、高频感应加热、微波加热等技术,可极大地降低轧钢加热炉的能耗,提高生产效率和产品质量。同时,结合节能改造、废气回收利用、除尘脱硫等技术手段,可有效减少轧钢加热炉的环境污染,达到环保要求。

轧钢热处理炉的生产线主要分布在欧美地区、亚洲地区和其他地区。这些地区的钢铁企业规模较大,技术水平和设备水平均较高。

欧美地区是全球轧钢热处理炉技术最为发达的地区,许多著名的钢铁企业都拥有自己的轧钢热处理炉生产线。例如德国的 ThyssenKrupp、卢森堡的 ArcelorMittal、法国的 Usinor 等企业。其中,德国的 ThyssenKrupp 拥有全球最大的钢铁生产线,其装备了先进的轧钢热处理炉设备,能够实现快速高效生产。此外,欧美地区还有众多专业的热处理设备制造企业,如德国的 SMS Group、法国的 Fives 等。

随着亚洲地区经济的快速发展,轧钢热处理炉市场也逐渐崛起。现代化的轧钢热处理炉生产线已经在中国、日本、韩国、印度等国家成为常见的设备。例如,国内的宝钢集团在上海市和广东省均拥有轧钢热处理炉生产线,年产量可达数百万吨。此外,亚洲地区还有众多专业的热处理设备制造企业,如日本的 JFE Engineering、韩国的 Doosan Heavy Industries 等。

除欧美和亚洲地区之外,全球范围内还有许多其他地区的轧钢热处理炉生产线。

例如澳大利亚的 BlueScope Steel、巴西的 CSN、俄罗斯的 Severstal 等。这些企业在轧钢热处理炉设计、制造和服务方面也具备一定的实力，其产品销售覆盖全球。

我国轧钢热处理炉的生产线主要分布在东北、华北、华东和中部地区，其中一些省份拥有较大规模的钢铁企业，其生产线数量和设备水平均处于较高水平。辽宁省是我国重要的钢铁生产基地之一，拥有众多大型钢铁企业和轧钢热处理炉生产线。其中，宝钢集团、本钢集团、鞍山钢铁集团等企业在辽宁省设有多个轧钢热处理炉生产基地，年产能较高。山东省济钢集团、河北省河钢集团旗下的多个子公司和生产基地、江苏省宝钢集团旗下的宝钢南京钢铁有限公司等，其轧钢热处理炉的生产线规模均较大。

未来随着技术的不断升级和智能化、节能化等趋势的加速发展，我国轧钢热处理炉的生产线也将会呈现更加多元化和创新化的趋势。

2.1.4　轧钢行业排放状况

2019 年 4 月，生态环境部等五部委《关于推进实施钢铁行业超低排放的意见》提出对于按期高质量完成的钢铁企业给予政策红利。2019 年底某钢铁公司积极实施超低排放改造，通过采用钢铁生产全流程实现长期稳定超低排放的一体化系统解决方案，逐步开展提标改造与智能化管控系统搭建工作，经生态环境部、中国环境监测总站及冶金工业规划研究院的综合评估，确认有组织排放浓度、无组织管控一体化措施、智能化监控监管设施、洁净化物流各项指标均达到超低排放政策要求，从而成为全流程超低排放企业，环保绩效水平处于世界领先水平。该公司 2018 年确定并实施超低排放改造项目 70 项，总投资 16.5 亿元，对烧结、球团、炼铁、炼钢、轧钢等全工序进行废气治理设施升级改造。有组织排放方面，选择了半干法脱硫+SCR 脱硝、逆流式活性焦脱硫脱硝、转炉一次 LT 干法除尘等工艺进行有组织精细化改造；特别是中小规模高炉平坦化改造，极大减少了固定源主要大气污染物排放，指标均达到甚至部分远优于国家与地方超低排放限值要求，具体如图 2.3～2.5 所示。实施超低排放改造后，2019 年在 2018 年基础上减少排放颗粒物 741 t，SO_2 1 186 t，NO_x 2 743 t，减排比例分别达到 26%、47%、46%。

根据第二次全国污染源普查的钢延压加工行业产排污系数表（表 2.3），热轧大型钢材加热炉所排放的 NO_x 浓度较高，目前尚缺乏相应的治理工艺。而对于一般的热轧中厚钢板、中小型材以及钢管加热炉，其 NO_x 排放浓度处于平均水平，目前也缺乏相应的治理工艺。

图 2.3　半干法脱硫+SCR 脱硝系统

图 2.4　逆流式活性焦脱硫脱硝一体化系统

图 2.5　转炉一次 LT 干法除尘系统

表 2.3　钢延压加工行业产排污系数表

产品工艺	排放指标				备注
	废气量/Nm^3	颗粒物/kg	SO_2/kg	NO_x/kg	
热轧中厚板加热炉	1 100	0.022	0.087	0.17	无治理工艺
热轧带钢加热炉	1 000	0.021	0.082	0.165	无治理工艺
热轧大型材加热炉	3 300	0.071	0.26	0.53	无治理工艺
热轧中小型材加热炉	750	0.021	0.062	0.14	无治理工艺
热轧棒材加热炉	600	0.011	0.046	0.11	无治理工艺
热轧钢筋加热炉	600	0.011	0.046	0.11	无治理工艺
热轧高线材加热炉	590	0.011	0.047	0.098	无治理工艺
热轧无缝管加热炉	1 030	0.019	0.077	0.17	无治理工艺
冷硬板卷连续退火炉	300	0.006	0.024	0.06	无治理工艺
冷硬板卷罩式退火炉	375	0.008	0.03	0.075	无治理工艺
热轧管材冷轧无缝管	300	0.006	0.015	0.033	无治理工艺
热轧棒材冷拔线棒材	300	0.006	0.015	0.033	无治理工艺

表 2.4 列出了《钢铁行业（钢延压加工）清洁生产评价指标体系》的污染物排放因子分级，对比发现，影响轧钢工序分级的主要污染物为 NO_x。其中，大型钢材加热炉若未采取污染控制措施，难以达到Ⅰ级、Ⅱ级清洁生产标准。要达到Ⅰ级、Ⅱ级清洁生产标准，需要对热轧中厚钢板、中小型材及钢管加热炉进行 NO_x 的深度控制。

表 2.4　钢铁行业(钢延压加工)清洁生产评价指标体系

排放工序	污染物指标	排放因子/(kg · t^{-1})		
		Ⅰ级基准值	Ⅱ级基准值	Ⅲ级基准值
热延压工序	颗粒物	0.019	0.025	0.050
	SO_2	0.02	0.05	0.07
	NO_x	0.10	0.15	0.17
冷延压工序	颗粒物	0.019	0.022	0.025
	SO_2	0.04	0.06	0.08
	NO_x	0.12	0.14	0.16

轧钢工序是将钢锭或连铸坯按规定的尺寸和形状加工为成型钢材,一般热轧加热炉加热温度达 1 150~1 250 ℃,产生的主要污染物为 NO_x。表 2.5 为轧钢企业污染物排放情况,分析发现轧钢加热炉如果采用脱硫后煤气作为燃料,烟气 SO_2 排放浓度一般低于 50 mg/m^3,如果采用煤气精脱硫,烟气 SO_2 排放浓度可低于35 mg/m^3;轧钢热处理炉如果采用脱硫煤气、天然气,颗粒物排放浓度一般低于 10 mg/m^3,达到钢铁行业超低排放相关要求。

表 2.5　轧钢企业污染物排放情况

企业序号	热处理炉	污染物治理措施	排放浓度/(mg · m^{-3})		
			颗粒物	SO_2	NO_x
企业 1	2 250 mm 热轧带钢加热炉	煤气脱硫+低氮燃烧	2~15	3~5	88~113
	1 549 mm 热轧带钢加热炉	煤气脱硫+低氮燃烧	8~12	25~55	80~131
企业 2	冷轧全氢罩式退火炉	天然气燃料	3~5	6~7	216~250
	热镀锌退火炉	天然气燃料	5~6	3~8	125~136
企业 3	高速线材加热炉	高炉煤气,低氮燃烧+双蓄热技术	7~8	41~44	92~97
	1 780 mm 热轧带钢加热炉	高炉煤气,低氮燃烧+双蓄热技术	8~10	42~46	97~107
企业 4	热轧加热炉	天然气	7.5~8	35~41	79~108
企业 5	热轧加热炉	天然气	5~7	18~31	89~131
企业 6	热轧加热炉	脱硫煤气	8~10.1	9~13	118~136

续表2.5

企业序号	热处理炉	污染物治理措施	排放浓度/(mg · m^{-3})		
			颗粒物	SO_2	NO_x
企业 7	热轧卷板加热炉	脱硫煤气	3~6	19~27	65~85
	高线加热炉	脱硫煤气	3~5	26~30	55~58
企业 8	1 250 mm 热轧加热炉	中高温 SCR 脱硝+SDS 脱硫+袋式除尘	8	35	<100
企业 9	3 500 中板加热炉	中高温 SCR 脱硝+SDS 钙基脱硫+袋式除尘	5~6	26~28	36~39
	4 300 中厚板加热炉	中高温 SCR 脱硝+SDS 钙基脱硫+袋式除尘	5~6	27~31	36~40

轧钢热处理炉 SO_2和 NO_x主要来源于热处理炉燃烧烟气，一般以净化后的煤气或天然气为燃料，目前热处理炉一般无末端污染物控制措施。加热炉如果采用低氮烧嘴并进行燃烧最优控制，可以减少 NO_x排放。根据调研的数据，加热炉采用低氮燃烧技术后，烟气 NO_x平均排放浓度可达 130 mg/m^3，如果采用低氮燃烧器结合燃烧优化控制，可实现烟气 NO_x排放浓度低于 100 mg/m^3。

2.2　国内外的相关标准、政策

2.2.1　国内相关标准、政策

钢铁行业是国民经济的支柱性产业之一，有力支撑了我国的社会经济发展，但同时也是污染物排放重点防控行业之一。钢铁生产是大气污染物排放的重点行业，生产过程中的各个环节均会产生颗粒物、SO_2、NO_x等污染物。钢铁行业分布区域相对集中，主要分布在京津冀及周边、长三角、汾渭平原等重点区域，这些区域污染物排放强度大，环保政策更加严格。

环境保护部 2012 年 6 月发布钢铁工业大气污染物排放系列标准，规定新建、现有钢铁企业分别自 2012 年 10 月 1 日、2015 年 1 月 1 日起执行相关标准。钢铁系列污染物排放标准的实施促进了钢铁行业污染大幅减排，2019 年中国钢铁工业协会统计钢铁企业吨钢颗粒物、SO_2排放量相较 2012 年分别下降 56%、70%；因钢铁企业未全面开展烟气脱硝治理，NO_x排放总量与强度无明显变化。虽然我国钢铁行业近年来颗粒物、SO_2排放强度大幅下降，但由于粗钢产量的增加，整体排放量依然很大。随着国家大气污染防治行动计划取得阶段性胜利，人们对生态文明建设的认识不断深化，同时火电行业全面贯彻实施煤电超低排放战略实现主要大气污染物排放总量大幅下降，传统大气污染物排放大户之一的钢铁工业的污染防治攻坚显得日益紧迫。因此，国务院、钢铁企业重点省份出台一系列政策文件对钢铁企业进一步减排提出了更高要求，生态环境部等五部委2019年联合发布的《关于推进实施钢铁行业超低排放的意见》(环大气〔2019〕35号)从有组织源头减排、工艺过程优化控制、治理设施提标升级、无组织精准管控与交通运输结构调整等多方面同时发力，全面推动钢铁行业提升环境保护水平。

2.2.1.1 相关排放标准

《中华人民共和国标准化法》第二条规定，国家标准分为强制性标准和推荐性标准，其中行业标准、地方标准是推荐性标准；第十条规定，对保障人身健康和生命财产安全、国家安全、生态环境安全以及满足经济社会管理基本需要的技术要求，应当制定强制性国家标准；法律、行政法规和国务院决定对强制性标准的制定另有规定的，从其规定。

《中华人民共和国标准化法实施条例》第十八条规定，环境保护的污染物排放标准和环境质量标准属于强制性标准。钢铁行业的国家及地方标准属于污染物排放标准，应强制性实施。

表2.6列出了轧钢热处理炉大气污染物排放国家标准的限值，《轧钢工业大气污染物排放标准》(GB 28665—2012)中规定热处理炉烟气基准含氧量为8%；修改单明确加热炉干烟气基准含氧量为8%，其他热处理炉干烟气基准含氧量为15%。修改单明确加热炉SO_2排放浓度限值为150 mg/m^3、其他热处理炉限值为100 mg/m^3；加热炉NO_x排放浓度限值为300 mg/m^3、其他热处理炉限值为200 mg/m^3。

《关于推进实施钢铁行业超低排放的意见》对钢铁工业超低排放限值做出规定，要求轧钢工业超低排放限值为基准含氧量8%时，热处理炉烟气颗粒物、SO_2和NO_x排放浓度限值分别为10 mg/m^3、50 mg/m^{3}和200 mg/m^3。

表2.6 轧钢工业大气污染物排放标准　　单位：mg/m^3

序号	污染物项目	GB 28665—2012 新建企业排放限值	GB 28665—2012 特别排放限值	GB 28665—2012 修改单	超低排放限值
1	颗粒物	20	15	20/15	10
2	SO_2	150	150	加热炉150/ 其他100	50
3	NO_x	300	300	加热炉300/ 其他200	200

当前许多省份已发布钢铁工业大气污染物排放地方标准，结合现有国家层面大

气污染物排放标准与钢铁行业超低排放政策要求进行制定，体现地方管理要求的加严趋势。在有组织管控要求上基本按照《关于推进实施钢铁行业超低排放的意见》（环大气〔2019〕35 号）中超低排放限值予以设定，但标准中针对个别排放指标均有不同程度的收严，主要集中在热风炉、加热炉、热处理炉、石灰窑、白云石窑等冶金炉窑的 NO_x 排放浓度限值，多省地方标准中 NO_x 排放限值均从国家超低排放限值的 200 mg/m^{3}收严至 150 mg/m^3。

山东省 2019 年 6 月发布的《钢铁工业大气污染物排放标准》（DB 37/990—2019）对轧钢热处理炉烟气颗粒物、SO_2 和 NO_x 排放浓度限值分别确定为 10 mg/m^3、50 mg/m^{3}和 150 mg/m^3，基准含氧量为 8%。

河北省 2018 年 10 月发布的《钢铁工业大气污染物超低排放标准》（DB 13/2169—2018）、河南省 2020 年 5 月发布的《钢铁工业大气污染物排放标准》（DB 41/1954—2020），均规定了所有热处理炉烟气在基准含氧量 8%的条件下，颗粒物、SO_2 和 NO_x 排放浓度限值分别为 10 mg/m^3、50 mg/m^{3}和 150 mg/m^3。

山西省 2020 年 12 月发布的《钢铁工业大气污染物排放标准》（DB 14/2249—2020）对轧钢热处理炉烟气颗粒物、SO_2 和 NO_x 排放浓度限值分别确定为 10 mg/m^3、50 mg/m^{3}和 200 mg/m^3，对轧钢热处理炉基准含氧量分别明确为加热炉 8%、其他热处理炉 15%。

天津市 2022 年 4 月 13 日发布的《钢铁工业大气污染物排放标准》（DB 12/1120—2022）对轧钢热处理炉烟气颗粒物、SO_2 和 NO_x 排放浓度限值分别确定为 10 mg/m^3、50 mg/m^{3}和 200 mg/m^3，对轧钢热处理炉基准含氧量分别明确为加热炉 8%、其他热处理炉 15%。

江苏省 2019 年生铁产量 7 347.59 万 t，粗钢产量 12 017.10 万 t，钢材产量 14 211.41 万 t，钢铁产量在全国各省（自治区、直辖市）中位居第二，但同时污染物排放问题也较严重。为此，江苏省对省内 127 家长、短流程钢铁企业冶炼产能、主要生产装备规模及工艺类型、污染防治技术应用、排放口信息、自行监测等许可信息进行统计和梳理，并对江苏省现有已取得排污许可证钢铁企业的废气污染防治设施配置情况进行收资与摸底，于 2021 年 5 月编制了《钢铁工业大气污染物排放标准》，对轧钢热处理炉烟气颗粒物、SO_2 和 NO_x 排放浓度限值分别确定为 10 mg/m^3、50 mg/m^{3}和 150 mg/m^3，对轧钢热处理炉基准含氧量分别明确为加热炉 8%、其他热处理炉 15%。

辽宁省 2022 年 12 月发布的《钢铁工业大气污染物排放标准（征求意见稿）》对轧钢热处理炉烟气颗粒物、SO_2 和 NO_x 排放浓度限值分别确定为 10 mg/m^3、50 mg/m^{3}和 200 mg/m^3，对轧钢热处理炉基准含氧量分别明确为加热炉 8%、其他热处理炉 15%。

部分省市轧钢工段大气污染物排放相关标准比较见表2.7。

表2.7 部分省市轧钢工段大气污染物排放标准比较 单位：mg/m^3

标准		颗粒物	SO_2	NO_x
《关于推进实施钢铁行业超低排放的意见》	限值要求	10	50	200
山东省标准(DB 37/990—2019)	排放限值	10	50	150
河北省标准(DB 13/2169—2018)	排放限值	10	50	150
山西省标准(DB 14/2249—2020)	排放限值	10	50	200
天津市标准(DB 12/1120—2022)	排放限值	10	50	200
江苏省标准(征求意见稿)	排放限值	10	50	150
辽宁省标准(征求意见稿)	排放限值	10	50	200

注:表中除了河北省的所有热处理炉烟气和山东省的轧钢热处理炉的基准含氧量为8%外,其他省的轧钢热处理炉基准含氧量分别明确为加热炉8%、其他热处理炉15%。

已发布省份的轧钢工序在颗粒物限值要求上,均保持外排浓度限值一致。在SO_2排放要求方面,目前在地方标准中明确的高炉煤气精脱硫改造仍处于示范工程过渡阶段,待拥有工艺成熟、运行稳定的监测路径时,可从源头煤气总硫净化中实现广泛应用,现阶段可考虑从低硫原料使用、煤气脱硫化氢或末端燃烧废气脱硫方面着手,满足标准中50 mg/m^{3}的限值要求。NO_x方面,部分企业因钢材品种、燃用煤气热值较高等问题,使用常规的源头低氮燃烧清洁生产工艺,无法稳定满足150 mg/m^{3}的NO_x达标排放要求,可能需要增建末端脱硝设施以满足限值要求。因此,各标准中除个别指标参考《关于推进实施钢铁行业超低排放的意见》与已发布文件外,其余指标基本都按照现行国家标准与行业标准等予以加严,体现地方标准制定的各标准协同性、前瞻性与技术可达性。

2.2.1.2 相关规范政策等要求

2018年6月,《国务院关于印发打赢蓝天保卫战三年行动计划的通知》(国发〔2018〕22号)提出,推进重点行业污染治理升级改造;重点区域SO_2、NO_x、颗粒物、挥发性有机物(VOCs)全面执行大气污染物特别排放限值;推动实施钢铁等行业超低排放改造;强化工业企业无组织排放管控;开展钢铁、建材、有色、火电、焦化、铸造等重点行业及燃煤锅炉无组织排放排查,建立管理台账,对物料(含废渣)运输、装卸、储存、转移和工艺过程等无组织排放实施深度治理。

《关于推进实施钢铁行业超低排放的意见》正式提出钢铁企业实施超低排放改造要求,鼓励钢铁企业分阶段分区域完成全厂超低排放改造;到2025年底前,重点区域钢铁企业超低排放改造基本完成,全国力争80%以上产能完成改造。力争通过史上最严排放限值要求的提出,对所有生产环节(含原料场、烧结、球团、炼焦、炼铁、炼钢、轧钢、自备电厂等，以及大宗物料产品运输）实施升级改造，大气污染物有组织排放、无组织排放以及清洁运输环节均应满足文件要求，并明确对于完成全流程超低排放改造的钢铁企业应加大政策支持力度，实现行业环保水平的大幅提升。

为进一步做好钢铁行业超低排放评估监测工作，统一超低排放评估认定程序和方法，生态环境部组织编制并发布了《关于做好钢铁企业超低排放评估监测工作的通知》（环办大气函〔2019〕922 号），夯实《关于推进实施钢铁行业超低排放的意见》（环大气〔2019〕35 号）要求，政策要求市级及以上生态环境部门应加强对企业的指导和服务，利用多种方式加强对企业超低排放的事中事后监管，开展动态管理，对不能稳定达标企业，视情况取消相关优惠政策，解决地方验收评价标准不一的混乱情况。《钢铁企业超低排放改造实施指南》为企业实施超低排放改造路径提供了技术方案与案例考察的选择依据，避免重复投资。

此外，随着 2016 年我国排污许可证制度改革、2017 年开始秋冬季重点区域钢铁行业错峰生产推行等政策的实施，对钢铁行业环保提升、污染减排方面提出了更高的要求。2019 年 7 月生态环境部正式发布《关于加强重污染天气应对夯实应急减排措施的指导意见》，提出依据环保绩效将企业分为 A（全面达到超低）、B、C 级，首次将钢铁行业以环保绩效进行分级，各级之间减排措施拉开差距，A 级企业少限或不限，C 级企业多限。2020 年 6 月，生态环境部发布《重污染天气重点行业应急减排措施制定技术指南》（2020 年修订版），在重点区域各省（市）全面推行重点行业差异化减排措施，至此再次将钢铁行业环保改造推向了高潮。

《关于推进实施钢铁行业超低排放的意见》印发后，国内钢铁产能大省积极响应国家和生态环境部相关政策，进一步收严原有地方标准限值，其中河北省《钢铁工业大气污染物超低排放标准》（DB 13/2169—2018）、山东省《区域性大气污染物综合排放标准》（DB 37/2376—2019）与《钢铁工业大气污染物排放标准》（DB 37/990—2019）、陕西省《关中地区重点行业大气污染物排放标准》（DB 61/941—2018）、河南省《钢铁工业大气污染物排放标准》（DB 41/1954—2020）、山西省《钢铁工业大气污染物排放标准》（DB 14/2249—2020）相继完成修订发布，越来越多的区域已将超低排放政策要求上升至地方行业强制性标准。

“十五”至“十四五”期间，我国钢铁行业历经了从“高速发展”到“淘汰落后产能，实现绿色可持续的高质量发展”的变化；各阶段钢铁行业发展规划重点基本集中在淘汰落后产能、严控钢铁产能和积极推进钢铁行业实现合理布局等。“十五”（2001~2005 年）至“十一五”（2006~2010 年）期间，提出着力解决产能过剩问题，严格控制新增钢铁生产能力，加速淘汰落后工艺、装备和产品等发展方向；“十二五”（2011~2015 年）时期，明确重点统计钢铁企业的平均吨钢综合能耗、吨钢耗新水量和吨钢 SO_2 排放等要求，以实现钢铁工业由大到强的转变；“十三五”时期，明确了钢铁工业供给侧结构性改革要求、压减粗钢产能、提高产能利用率和行业集中度等目标;“十四五”时期,根据《关于促进钢铁工业高质量发展的指导意见》,布局结构合理和绿色低碳可持续的高质量发展以确保2030年前实现碳达峰等,成为“十四五”时期我国钢铁行业的重要任务。

近年来,在各种因素驱动之下,钢铁行业正加快转型升级步伐,向低碳、绿色、高质量方向发展,国家也相继出台了一系列政策促进转型升级,例如:2020年1月,《关于完善钢铁产能置换和项目备案工作的通知》(简称《通知》)要求,各地区要制定本地区自查自纠工作方案,严格按照《通知》规定,对相关项目逐一进行梳理,发现问题要立行立改,并将自查自纠结果于2020年4月30日前报部际联席会议办公室。《通知》强调,对发现存在违法违规行为的,已投产的项目要立即停产,整顿到位后方可恢复生产;已开工的项目要立即停建,整顿到位后方可继续建设;未开工的项目一律暂停建设,认真进行梳理排查,待确认相关要求落实到位后方可开工建设。2020年1月,《钢铁企业超低排放改造技术指南》要求加强源头控制,采用低硫煤、低硫矿等清洁原料、燃料,采用先进的清洁生产和过程控制技术,实现大气污染物的源头削减。2020年6月,《发改委印发关于做好2020年重点领域化解过剩产能工作的通知》要求进一步完善钢铁产能置换办法,加强钢铁产能项目备案指导,促进钢铁项目落地的科学性和合理性。2020年12月,《钢铁行业产能置换实施办法(征求意见稿)》提出的重点区域减量置换方案,比2018年的《钢铁行业产能置换实施办法》更加严格,置换比例从1.25∶1压减至1.5∶1,相当于新置换方法比原方案多压减产能近20%;兼并重组大型企业置换比例依旧维持1.25∶1,与原方案相同;其他区域置换方案从1.25∶1上升至1.1∶1;更加鼓励建设电加热炉,更加鼓励原厂区内部技术改造,更加支持新技术产能置换。2022年1月20日,工业和信息化部、发展和改革委员会及生态环境部发布《关于促进钢铁工业高质量发展的指导意见》,提出力争到2025年,钢铁工业基本形成布局结构合理、资源供应稳定、技术装备先进、质量品牌突出、智能化水平高、全球竞争力强、绿色低碳可持续的高质量发展格局。绿色低碳深入推进,构建产业间耦合发展的资源循环利用体系,80%以上钢铁产能完成超低排放改造,吨钢综合能耗降低2%以上,水资源消耗强度降低10%以上,确保2030年之前实现碳达峰等发展目标。2022年1月24日国务院印发《“十四五”节能减排综合工作方案》,从实施节能减排重点工程、健全节能减排政策机制和强化节能减排工作落实等方面,对钢铁行业节能减排工作做出了指引。2022年2月,国家发展和改革委员会、工业和信息化部、生态环境部、国家能源局联合印发《高耗能行业重点领域节能降碳改造升级实施指南(2022年)》,围绕炼油、水泥、钢铁、有色金属冶炼等17个行业,提出了节能降碳改造升级的工作方向和到2025年的具体目标;对于钢铁行业,提出到2025年,钢铁行业炼铁、炼钢工序能效标杆水平以上产能比例达到30%,能效基准水平以下产能基本清零，行业节能降碳效果显著，绿色低碳发展能力大幅提高。2023 年 7 月 5 日，国家发展和改革委员会联合工业和信息化部、生态环境部等部门发布《工业重点领域能效标杆水平和基准水平（2023 年）》，要求对能效低于基准水平的存量项目，各地要明确改造升级和淘汰时限，制订年度改造和淘汰计划，引导企业有序开展节能降碳技术改造或淘汰退出，在规定时限内将能效改造升级到基准水平以上，对于不能按期改造完毕的项目进行淘汰。

目前，全国各省、自治区和直辖市均发布了“十四五”时期以及至 2025 年末的钢铁行业发展规划，重点内容涉及禁止钢铁行业新建和扩建、推进行业高端绿色化发展、鼓励钢铁企业兼并重组，提高产业集中度以及降低单位地区生产总值能耗、降低规模以上单位工业增加值能耗等目标。

根据《产业结构调整目录》（2019 年），轧钢热处理工艺中属鼓励类的有在线热处理、在线性能控制、在线强制冷却的新一代热机械控制加工（TMCP）工艺、铸坯直接轧制、无头轧制、超快速冷却、节能高效轧制及后续处理等技术应用；属限制类的有 1 450 mm 以下热轧带钢（不含特殊钢）项目，以及厂区内无配套炼钢工序的独立热轧生产线；属淘汰类的有复二重线材轧机、横列式线材轧机、横列式棒材及型材轧机（不含生产高温合金的轧机）、叠轧薄板轧机、普钢初轧机及开坯用中型轧机、热轧窄带钢轧机、三辊劳特式中板轧机、直径 76 mm 以下热轧无缝管机组、三辊式型线材轧机（不含特殊钢生产）、单机产能 1 万 t 及以下的冷轧带肋钢筋生产装备（高延性冷轧带肋钢筋生产装备除外）、生产预应力钢丝的单罐拉丝机生产装备、预应力钢材生产消除应力处理的铅淬火工艺等。

《钢铁行业轧钢工艺污染防治最佳可行技术指南（试行）》（HJ-BAT-006）对轧钢工艺各类加热炉及热处理炉（含退火炉、淬火炉、回火炉、正火炉和常化炉等）大气污染物减排方面，提出了钢坯加热及热处理过程中，为节省燃料和减少污染物排放采用的一类技术，包括蓄热式燃烧技术、富氧燃烧技术、低 NO_x 燃烧技术和燃用低硫燃料等，见表 2.8。

表 2.8　轧钢热处理炉污染物减排技术原理及特点

序号	技术名称	主要技术原理及特点
1	蓄热式燃烧技术	以高风温燃烧技术为核心，利用烟气或废气的余热预热助燃空气，可间接减少污染物排放
2	富氧燃烧技术	以含氧浓度高于 21% 的富氧气体替代空气参与燃烧，加快燃烧速度，减少废气排放
3	低氮氧化物燃烧技术	采用低氮燃烧器、空气或燃料分级燃烧等方式，减少 NO_x 的产生与排放

续表2.8

序号	技术名称	主要技术原理及特点
4	燃用低硫燃料	燃用含硫率低的燃料,减少 SO_2产生与排放

《钢铁工业污染防治技术政策》(环保部公告 2013 年第 31 号)针对轧钢行业大气污染治理,提出了鼓励轧钢工业炉窑采用低硫燃料、蓄热式燃烧和低氮燃烧技术。

《排污许可证申请与核发技术规范:钢铁工业》(HJ 846—2017)明确了轧钢行业大气污染物治理措施以源头控制为主,规定了热处理炉烟气可行技术,对于执行特别排放限值的排污单位和其他排污单位,均可采用燃用净化煤气或天然气、低氮燃烧技术。

2.2.2 国外相关标准

国外钢铁行业虽然没有发布、执行超低排放标准,但一些国家和地区对钢铁企业的污染物控制要求颇高。国外的轧钢企业通常采用源头控制技术来减少轧钢热处理炉烟气中的污染物排放。源头控制技术包括清洁燃料和低氮燃烧两种方式。清洁燃料主要是指使用净化后的焦炉煤气、高炉煤气、转炉煤气以及天然气等。低氮燃烧技术则包括富氧燃烧、稀释氧燃烧以及蓄热式高温空气燃烧等。这些技术的目的都是在燃烧过程中尽可能减少污染物的产生,从而达到降低烟气排放浓度的效果。

在颗粒物治理方面,以德国为代表的欧盟国家对颗粒物提出了较高的控制要求,规定所有治理设施都必须建立在最佳可行技术(BAT)基础上,并采用高效除尘器如BAT 中的覆膜滤袋和折叠式滤筒除尘器,以确保颗粒物排放达到 20 mg/m^3以下。

日本在 SO_2和 NO_x的治理方面,要求企业使用高效减排技术,如 NO_x还原装置、烟气脱硝装置等设备,控制 SO_2和 NO_x排放。此外,美国和加拿大等国家针对轧钢工序的污染物排放制定了严格的标准和要求,包括要求企业采用高效采暖、通风和空调系统,以及使用低氮燃料和高效除尘器等技术,以确保污染物排放水平符合标准。

将我国轧钢工业大气污染物排放标准中新建企业颗粒物、SO_2、NO_x排放限值与德国、日本进行对比,分析可知我国轧钢工业大气污染物排放标准中颗粒物、SO_2排放限值与国外排放标准持平,对比情况见表 2.9。

表 2.9　与国外轧钢废气污染物排放限值对比表　　单位：mg/m^3

污染源	污染物	新建企业排放限值	德国排放限值	日本排放限值	对比结果
轧钢各除尘系统	颗粒物	20	20	20	新建企业排放限值与国外标准持平
轧钢热处理炉	SO_2	150	≤350	—	新建企业排放限值均严于国外标准
	NO_x	300	≤350	—	新建企业排放限值均严于国外标准

印度对轧钢热处理炉烟气颗粒物提出的排放标准要求见表 2.10。

表 2.10　印度热处理炉排放标准　　单位：mg/m^3

设备	敏感区域	其他区域
热处理炉	150	250

第3章　主要的污染物治理可行技术

2012年国家钢铁行业系列排放标准发布实施后，有力促进了钢铁工业废气污染治理水平的提升。行业中先后出现了高炉封闭皮带上料，高炉煤气、转炉煤气干法除尘，热风炉、轧钢加热炉低氮燃烧，炼钢“一包到底”，钢坯热装热送等清洁生产技术，重点区域高炉煤气干法除尘比例达到了98%。标准中将烧结(球团)SO_2排放限值由2 000 mg/m^3收严为180~200 mg/m^3，大大推动了烧结脱硫工程的实施，烧结机机头脱硫设施配备率由标准实施前的约40%提升到100%；将颗粒物排放限值由100~200 mg/m^3收严到20~50 mg/m^3，促进了钢铁企业除尘提标改造，覆膜滤料(70%)、折叠滤筒等高效除尘技术普遍应用，旋风除尘、单室三电场静电除尘、低质简易湿式除尘基本淘汰。

《关于推进实施钢铁行业超低排放的意见》(环大气〔2019〕35号)提出分类分级差异化管控的环保管理思路，钢铁企业开始超低排放改造实践，从清洁生产与源头洁净化物料把控方面减排；采用烟气内循环、煤气精脱硫、低氮燃烧等工艺过程优化，实现下游加热炉、电厂等煤气用户燃烧后污染物排放满足超低限值要求；选用烧结机头与球团焙烧、高效覆膜袋式与滤筒式除尘等治理设施提标升级，全行业烧结机头烟气NO_x高效脱除技术随着标准的提出已成功积累了多项案例，其中南钢、中天钢铁、中新钢铁等以SCR工艺为主与沙钢、永钢等以活性炭/焦工艺为主的治理设施均能稳定达到超低排放限值要求；无组织管控治一体化通过原料库封闭与煤筒仓措施，加强原料储存无组织管控，并在受卸料、供给料过程如汽车受料槽、火车翻车机、铲车上料、皮带转运点等易产尘点位采用抽风除尘或抑尘的方式优化作业环境，辅以喷淋或干雾抑尘确保物料运输过程中储运粉尘排放得到有效控制。

轧钢工序大气污染源主要包括热处理炉烟气(包括热轧加热炉和轧钢热处理炉)、热轧含尘废气、冷轧含尘废气、酸洗机组废气、废酸再生废气、涂镀层机组废气等。污染物以颗粒物、SO_2、NO_x等常规因子为主，酸洗及废酸再生工序排放酸雾，冷轧机组和涂镀层机组排放碱雾、油雾和挥发性有机物(VOC_S)。

目前，轧钢工业大气污染防治措施主要包含清洁生产预防技术和末端治理技术。热处理炉烟气主要采用清洁燃料、低氮燃烧等技术从源头控制污染物排放。热轧含尘废气主要产生在精轧机组，采用的污染治理措施主要是收尘罩+湿式静电除尘、收尘罩+塑烧板除尘。精轧机轧制过程中，轧机前后产生大量氧化铁皮、铁屑粉尘，喷水冷却时产生大量水蒸气，需增加除雾器，将烟气中温降饱和析出的液滴分离出去，如图 3.1 所示。冷轧含尘废气主要产生在拉矫机、焊接机等，采用的污染治理措施主要是收尘罩+袋式除尘。含酸废气产生在冷轧、酸洗、涂层机组，采用的污染治理措施主要是抽风罩+洗涤塔；含碱废气产生在冷轧、电工钢机组碱洗段，采用的污染治理措施主要是抽风罩+洗涤塔；含乳化液、油雾废气产生在冷轧机组、湿平整机，采用的污染治理措施主要是抽风罩+油雾过滤器。VOC_S废气产生在有机涂层工序，采用的污染治理措施主要是集气罩+吸附设施。冷轧钢酸轧废气处理设施如图 3.2~3.4 所示；冷轧钢废气颗粒物治理设施如图 3.5~3.8 所示。

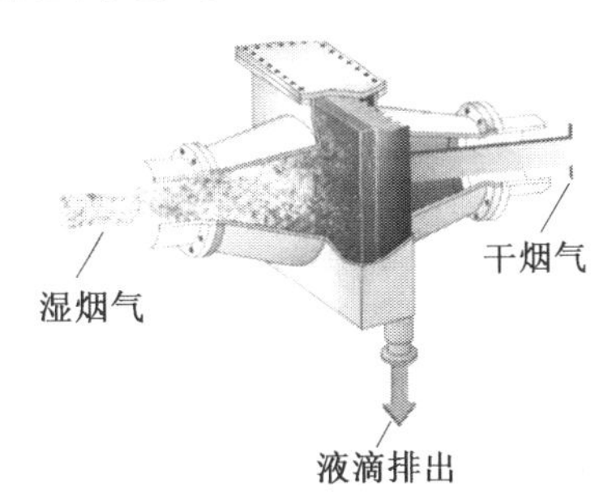

图 3.1　除雾器结构机理图

图 3.2　酸轧酸雾净化设施

图 3.3　酸雾净化设施

图 3.4　拉伸平整机组酸雾净化设施

图 3.5　袋式除尘器滤料

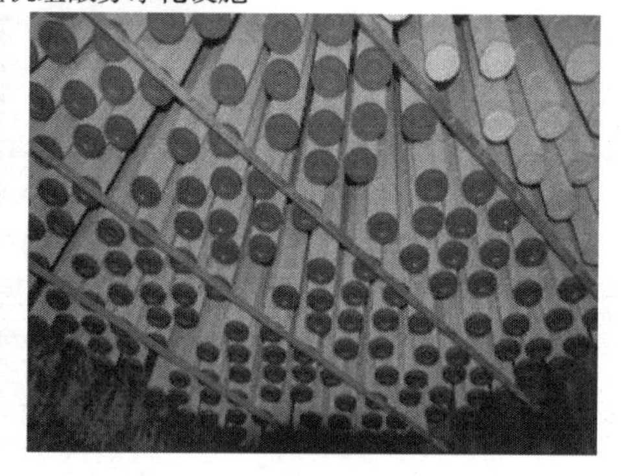

图 3.6　改造后的高效折叠筒

图 3.7　冷轧除尘设施

图 3.8　冷轧废水生化水池废气收集设施

热处理炉烟气污染物排放以源头控制为主。国内环保先进水平钢铁联合企业热处理炉污染物排放数据的结果显示,燃用净化煤气或天然气并采用低氮燃烧的热处理炉烟气颗粒物实测浓度≤15 mg/m^3、SO_2实测浓度≤100 mg/m^3、NO_x实测浓度≤200 mg/m^3,按15%基准含氧量折算后基本可达到颗粒物浓度≤20 mg/m^3、SO_2浓度≤100 mg/m^3、NO_x浓度≤200 mg/m^3。

3.1　颗粒物控制技术

钢铁行业污染物控制中涉及的颗粒物,一般是指所有大于烟气中悬浮的固体和溶液颗粒状物质总和的颗粒物,但实际的最小界限为0.01μm左右。颗粒物既可以单个地分散于气体介质中,也可因凝聚等作用使多个颗粒集合在一起,成为集合体的状态,它在气体介质中就像单一个体一样。此外,颗粒物还能从气体介质中分离出来,呈堆积状态存在,或者本来就呈堆积状态,一般将这种呈堆积状态存在的颗粒物称为粉尘,而一般工程技术中习惯将颗粒物通称为粉尘。

根据主要除尘机理,目前常用的除尘技术可分为机械除尘、电除尘、过滤式除尘、湿式除尘等。机械除尘通常指利用质量力(重力、惯性力和离心力等)的作用使颗粒物与气流分离,包括重力沉降、惯性除尘和旋风除尘等。电除尘是含尘气体在通过高压电场进行电离的过程中,使尘粒荷电,并在电场力的作用下使尘粒沉积在集尘极上,将尘粒从含尘气体中分离出来的一种除尘技术。电除尘过程与其他除尘过程的根本区别在于,分离力(主要是静电力)直接作用在粒子上,而不是作用在整个气流上,这就决定了它具有分离粒子耗能小、气流阻力也小的特点。由于作用在粒子上的静电力相对较大,所以即使对亚微米级的粒子也能有效捕集。过滤式除尘是使含尘气流通过过滤材料将粉尘分离捕集,其中,塑烧板除尘采用塑烧板(烧结板)作滤料,袋式除尘采用纤维织物作滤料。湿式除尘是使含尘气体与液体(一般为水)密切接触,利用水滴和颗粒的惯性碰撞及其他作用捕集颗粒,或使粒径增大。

电除尘或过滤式除尘是钢铁企业应用最为广泛的颗粒物治理技术,其中三电场静电除尘器出口颗粒物浓度为80~150 mg/m^3,四电场静电除尘器约为50 mg/m^3,湿式电除尘器为5~25 mg/m^3,袋式除尘器或电袋复合除尘器为4~18 mg/m^3,滤筒除尘器为3~11 mg/m^3。

3.1.1 塑烧板除尘技术

随着现代化技术的发展,20世纪80年代德国、日本出现了新型的塑烧板过滤材料,逐步应用于电力、建材、冶金、化工、制药、食品加工及烟草等行业,取得了较好的除尘效果。经过多年的摸索,目前我国已经可以自主生产塑烧板,使其投资成本大幅度降低。

塑烧板除尘器是满足粉体技术处理发展要求研制而成的新一代物理除尘设备,其技术成熟、可靠性高、操作维护方便,并具有除尘效率高、适用范围广、耐腐蚀等优点。塑烧板除尘器在冶金、化工、建材、水泥等各个行业的除尘领域得到了广泛应用。

塑烧板主要原料为高分子聚乙烯材料。通过高温高压熔融烧结成型,又称烧结板。塑烧板基体具有大量贯通的微米级细孔,这些专属微孔可让气体通过,但能将固体颗粒物拦截在其表面。采用这种独特的设计,可以在较短时间内将气体中的颗粒物有效地分离和去除,从而实现高效的除尘效果。塑烧板表面覆盖有特殊的树脂膜,这种树脂膜具有极强的疏水疏油功能。烟气中的微细油滴或水蒸气,会被树脂膜拦截在塑烧板表面上,汇集成水珠和油珠后,从塑烧板表面滑落下来,从而实现气液分离。这样不仅能够保持塑烧板的除尘效率,还可以减少污染物对环境的影响,提高除尘器的使用寿命。

由于塑烧板除尘器采用高精度工艺制造,保持了均匀微米级孔径,因此,它能够处理超细粉尘和高浓度粉尘,袋式除尘器的入口浓度一般小于20 g/m^3,而塑烧板除尘器入口浓度可达500 g/m^3,大大提高了其应用范围。

3.1.1.1 结构及原理

塑烧板除尘器的工作原理和普通袋式除尘器基本相同,区别在于两者的过滤材质不一样。塑烧板除尘器采用波浪式除尘器过滤芯的设计,使得除尘器具有更高的除尘效率和更长的使用寿命。此外,由于塑烧板本身就是刚性结构,不会变形,又无骨架磨损,因此比传统的袋式除尘器更加耐用和稳定。塑烧板结构图如图3.9所示。

塑烧板除尘器结构原理图如图3.10所示。塑烧板除尘器主要由隔声罩、风机、喷吹系统、烧结板、电控箱、灰斗、进出风口等组成。其中,隔声罩可以有效降低噪声,保护周围环境和员工健康;风机是除尘系统的核心部件,通过产生负压将含有大量颗

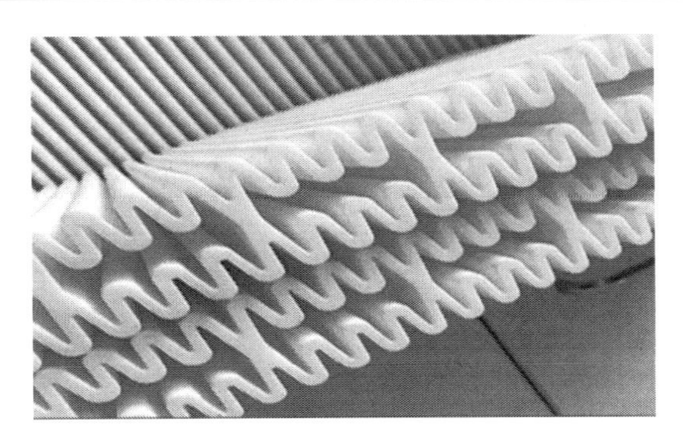

图 3.9　塑烧板结构图

粒物和有害气体的气体吸入除尘器;喷吹系统则用来清洁过滤芯,防止堵塞和积灰;烧结板是主要的除尘设备,利用静电场效应将带电粉尘收集在塑烧板上,达到除尘的效果;电控箱则用来控制整个除尘系统的运行状态和参数,保障其稳定可靠地工作。

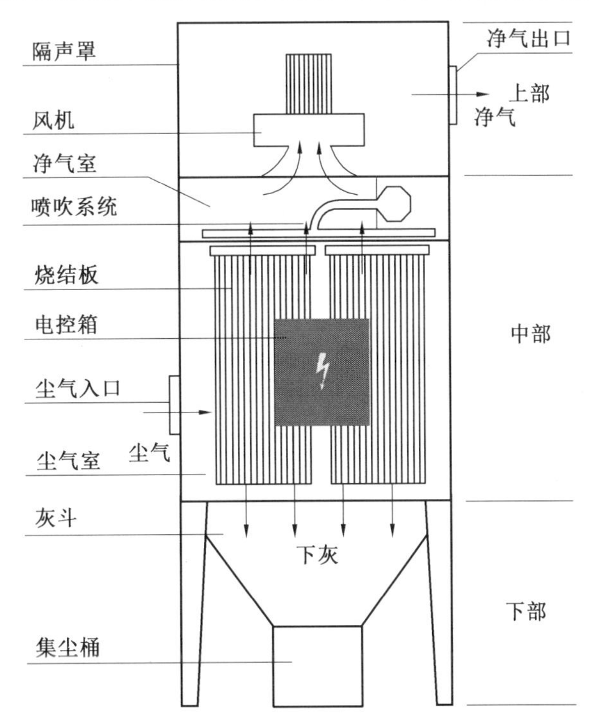

图 3.10　塑烧板除尘器结构原理图

塑烧板除尘器在工作时,含尘气体从塑烧板除尘器入口进入箱体中。该气体由塑烧板的外表面通过烧结板时,其中的粉尘被截留在烧结板表面的 PTFE(聚四氟乙烯)涂层上(称为表层过滤)。气体透过塑烧板内腔进入净气箱(称为深层过滤),净化后的气体通过除尘器的出口排出。

截留在塑烧板表面的粉尘,会经由装有脉冲阀和执行器的压缩空气喷吹管,喷射到塑烧板内腔中。此时,强烈的反吹作用会冲击并清除聚集在塑烧板外表面的粉尘。这些粉尘随后会从塑烧板表面脱落,并落入灰斗中。粉尘堆积在灰斗中,最终通过星型卸灰阀开关的作用,落入螺旋输送机中,然后输送至出料口进行统一回收处理。这样就实现了高效、可靠的除尘过程。

塑烧板除尘器的工作原理与普通袋式除尘器基本相同,其区别在于塑烧板的过滤机理属于表面过滤,主要是筛分效应。相比一般织物滤料,塑烧板自身的过滤阻力稍高。由于以上这两方面的原因,塑烧板除尘器的阻力波动范围比袋式除尘器小,使用塑烧板除尘器的除尘系统运行更加稳定。塑烧板除尘器的清灰过程是靠气流反吹把粉尘层从塑烧板逆洗下来,在此过程中没有塑烧板的变形或振动,粉尘层脱离塑烧板时呈片状落下,而不是分散飞扬,因此不需要太大的反吹气流速度。

塑烧板除尘器拥有高效的表层过滤和深层过滤功能,能够有效去除烟气中的粉尘,减少环境污染。在清理塑烧板外表面沉积的粉尘时,通过脉冲阀和执行器的反吹作用,可实现彻底而高效的清理,提高了除尘器的使用寿命和稳定性。此外,星型卸灰阀开关和螺旋输送机的设计,也为粉尘的回收和处理提供了便利,使得塑烧板除尘器更加完善和智能化。

3.1.1.2 主要特点

与传统的袋式除尘器或滤筒式除尘器相比,塑烧板除尘器具有以下几方面的特点。

1.材质方面

塑烧板除尘器采用了刚性波浪式多孔结构塑烧过滤元件,由几种高分子化合物粉体、特殊的结合剂严格组成后进行铸型、烧结,形成一个波浪式的多孔母体,作为过滤元件的基板,厚 4~5 mm,在其内部,经过对时间、温度的精确控制烧结后,形成大约 70 μm 的均匀孔隙。然后运用特殊喷涂工艺,在母体表面的空隙里填充 PTFE 涂层,使孔隙达到 1~2 μm,再用特殊黏合剂加以固定而制成。

塑烧板过滤元件具有刚性结构,它的涂层不仅限于表面,而是深入到孔隙内部。该元件的波浪形外观和内部空腔中的筋板提供了足够的强度以保持其形状,不需要钢架支撑。与袋式除尘器相比,在反吹时,刚性结构不会产生变形现象,从而使得两者在瞬时顶峰排放浓度上有很大差别。塑烧板的特殊结构也使得安装与更换非常方便。

2.性能方面

(1)粉尘捕集效率高。

塑烧板过滤元件的高捕集效率是由其本身特有的结构和涂层来实现的,这点与袋式除尘器的高效率是建立在黏附粉尘的二次过滤上不同。塑烧板除尘器排气含尘浓度一般情况下均可保持在 1 mg/m^{3}以下，可有效除去 0.1 μm 以上的微粒，通常对于 1 μm 以上超细粉尘的捕集效率可高达 99.999%，使其排放浓度小于 1 mg/m^3，实现了真正意义上的近零排放。

(2)压力损失稳定。

由于波浪式塑烧板是通过表面的 PTFE 涂层对粉尘进行捕捉的，其光滑的表面使粉尘极难透过与停留，即使有一些极细的粉尘可能也会进入空隙，但随即也会在清灰时，被设定的脉冲压空气吹走。所以在过滤板母体层中不会发生堵塞现象，只要经过很短的时间，过滤元件的压力损失就趋于稳定并保持不变。这就表明，特定的粉体在特定的温度条件下，阻力损失仅与过滤风速有关，而不会随时间上升。因此，除尘器运行后的处理风量将不会随时间而发生变化，这就保证了吸风口的除尘效果。

(3)耐湿性强。

由于塑烧板基本材料及 PTFE 涂层具有完全的疏水性，水喷洒其上将会看到凝聚水珠汇集成水流淌下，不会发生像纤维织物滤袋那样因吸湿而形成水膜，从而引起阻力急剧上升的情况。这对于处理含油雾、含水蒸气很高的热轧板氧化铁粉尘具有很好的除尘效果。此外，塑烧板因其强耐湿性，可以直接用水清洗，不需要频繁更换滤料，有利于设备维修。

(4)使用寿命长。

塑烧板的刚性结构，消除了纤维织物滤袋因骨架磨损而引起的寿命问题。寿命长的另一个重要表现还在于，滤片的无故障运行时间长，它不需要经常维护与保养。良好的清灰特性将保持其稳定的阻力，使塑烧板除尘器可长期有效地工作，一般其寿命可达 10 年以上。

(5)维护保养极为方便。

尽管塑烧板除尘器的过滤元件几乎不需要任何保养，但在特殊行业也需拆下滤板进行清洗处理。此时，塑烧板除尘器的特殊构造将使这项工作变得十分容易，操作人员在除尘器外部即可进行操作，卸下一个螺栓即可更换一片滤板，使作业条件得到根本性改善。

3.1.1.3　应用领域

塑烧板除尘器可以处理含酸、含油、含强碱、含水以及超细粉尘等多种不同形态的烟气粉尘，已在冶金、烟草、有色金属、化工、建材、造船、食品等各大行业中广泛使用。高温塑烧板除尘器主要是针对高温气体除尘场合而开发的新一代除尘器，以陶土、玻璃等材料为基质，耐温可达 350 ℃，具有极好的化学稳定性。其工作原理与普通塑烧板除尘器相似，但由于使用的材料和结构的设计，它能够耐受高温环境下的脉冲气流反吹清灰，并且具有良好的耐磨性和耐化学腐蚀能力。某钢铁企业塑烧板除尘器如图 3.11 所示。

图 3.11　某钢铁企业塑烧板除尘器

3.1.2　袋式除尘技术

袋式除尘器与塑烧板类似,均称为过滤式除尘器,是一种干式高效除尘器。过滤式除尘器是使含尘气流通过过滤材料将粉尘分离捕集的装置,采用滤纸或玻璃纤维等填充层作为滤料的是空气过滤器,采用纤维织物作为滤料的是袋式除尘器。

3.1.2.1　结构及原理

袋式除尘器是一种干式除尘装置,它是利用纤维织物制作的袋式过滤元件来捕集含尘气体中固体颗粒物的除尘装置。其作用原理是尘粒在绕过滤布纤维时因惯性力作用与纤维碰撞而被拦截。

袋式除尘器适用于捕集细小、干燥非纤维性粉尘。滤袋采用纺织的滤布或非纺织的毡制成,利用纤维织物的过滤作用对含尘气体进行过滤,当含尘气体进入袋式除尘器,颗粒大、比重大的粉尘,由于重力的作用沉降下来,落入灰斗,含有较细小粉尘的气体在通过滤料时,粉尘被阻留,使气体得到净化。袋式除尘示意图如图 3.12 所示。

一般新滤料的除尘效率是不够高的。滤料使用一段时间后,由于筛滤、碰撞、滞留、扩散、静电等效应,滤袋表面积聚了一层粉尘,这层粉尘称为初层,在此之后的运动过程中,初层成了滤料的主要过滤层,依靠初层的作用,网孔较大的滤料也能获得较高的过滤效率。随着粉尘在滤料表面的积聚,除尘器的效率和阻力都相应增加,当滤料两侧的压力差很大时,会把有些已附着在滤料上的细小尘粒挤压过去,使除尘器效率下降。另外,除尘器的阻力过高会使除尘系统的风量显著下降。因此,除尘器的

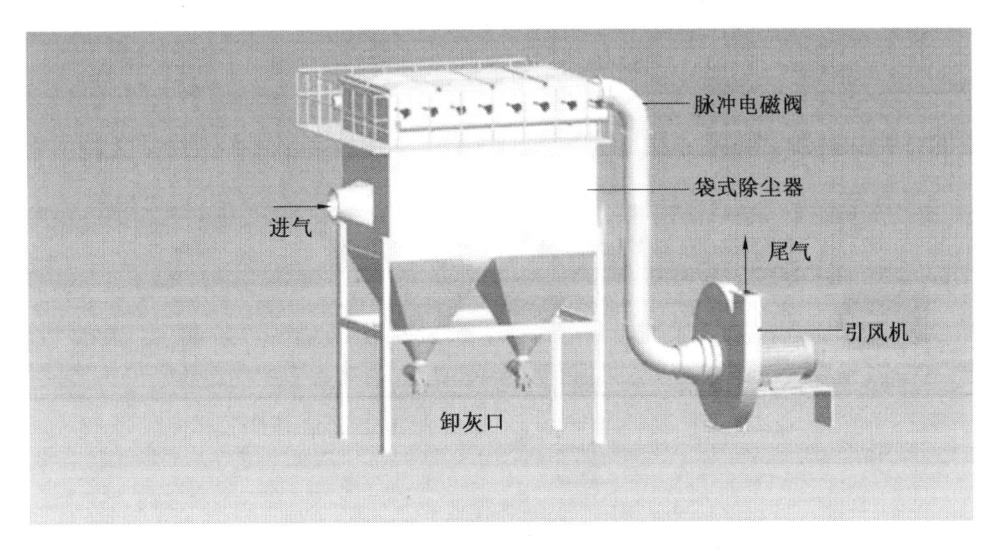

图 3.12　袋式除尘示意图

阻力达到一定数值后，要及时清灰。清灰时不能过分，不能破坏粉尘初层，以免除尘效率显著下降。

清灰是袋式除尘器运行中非常重要的一个环节，对于袋式除尘器能否长期持续工作，清灰起到了决定性作用。清灰的原理是通过振动、逆气流或脉冲喷吹等外力作用，使黏附于滤袋表面的尘饼受冲击、振动、形变、剪切应力等作用而破碎、崩落。常用的清灰方式有三种：机械振动清灰、气体反吹清灰和脉冲喷吹清灰。对于难以清除的颗粒，也有的袋式除尘器采用两种以上清灰方式联合清灰。

（1）机械振动清灰。

机械振动清灰是指利用振动器对滤袋进行机械振动，使粉尘脱落，这是最早的方法，清灰效果较好，但对滤袋造成的损伤也较大。

（2）气体反吹清灰。

气体反吹清灰即逆气流清灰，利用高压气体通过反吹管和喷嘴，对滤袋进行清灰。该方式清灰彻底，对滤袋磨损小，但耗气量较大。

（3）脉冲喷吹清灰。

脉冲喷吹清灰是最常见的清灰方式，利用脉冲阀控制气袋的开合，通过气袋与反吹管连接的喷嘴，喷出高速气流对滤袋进行清灰。脉冲喷吹袋式除尘器在钢铁行业中广泛应用，具有清灰能力强、过滤风速高、设备紧凑、耗钢少、占地面积小等优点。该设备被广泛应用于原料处理、高炉出铁区、烧结机尾部、焦炉、炼钢转炉、废钢冶炼电炉、精炼炉、石灰煅烧等领域的粉尘控制，特别是在大型高炉煤气净化方面，我国在脉冲袋式除尘技术上实现了创新突破，达到了国际领先水平。

3.1.2.2 滤料

滤料是袋式除尘器的核心组成部分，指用于捕集粉尘颗粒的袋子，也称为滤袋或过滤材料，其主要作用是过滤烟气中的固体颗粒物，使之不再向大气中排放。滤料的选用至关重要，它的质量和性能直接影响袋式除尘器的除尘效果和寿命等。

滤料是袋式除尘器最为关键的组成部分之一，要求其能够持续高效地捕集粉尘颗粒，同时能够经受住各种力学和化学作用下的考验，应尽量追求高效过滤、易于粉尘剥离及经久耐用的效果，选取时应综合考虑气体的温度、湿度和化学性，颗粒物大小，含尘浓度，过滤风速，清灰方式等因素。通常来说，滤料需要满足以下几个方面的要求。

(1)良好的过滤性能。

滤料需要具有良好的过滤效率和捕集颗粒物的能力，使得烟气经过滤料后基本上不含任何粉尘颗粒。滤料还要具有适宜的透气性，以及均匀的密度和厚度。

(2)耐高温、耐腐蚀性能。

由于袋式除尘器通常应用于高温和腐蚀性较强的工业领域，因此滤料需要具有足够的耐高温、耐腐蚀、耐氧化和抗水解等性能，以保证其长期稳定运行。

(3)良好的机械强度。

滤料需要具有一定的机械强度，能够承受烟气流量和压差等作用下的拉伸和挤压等力学载荷，同时应耐磨、抗皱折，不易破裂和磨损。

(4)规格统一、安装方便。

为了方便管理和维护，滤料需要规格统一、尺寸准确稳定，使用时变形小，并且易于安装和更换。

目前袋式除尘器常用的滤料主要包括以下几种。

(1)高温滤袋。

一般采用聚酯、亚麻或玻璃纤维等材质制成，能够承受高温烟气的腐蚀和氧化。同时，也具有较好的透气性和过滤效率，能够有效地捕集粉尘颗粒。广泛应用于高温烟气除尘系统中，如转炉、电炉冶炼系统、热风炉等。

(2)喷涂滤袋。

在聚酯、亚麻或棉等材料基础上，通过喷涂 PTFE、阻燃剂等材料形成一层涂层，以增加其耐腐蚀和防静电等性能。其表面光滑，不易堵塞，能够有效地提高过滤效率，广泛应用于高温烟气除尘系统中，如烧结机、高炉、转炉等。

(3)热风滤袋。

在滤袋外围加装一层密闭的加热器件，使烟气在进入滤袋前被预热到一定温度，从而避免了水蒸气冷凝和结霜的问题。该类型的滤袋能够有效地过滤含有水蒸气和油雾等介质的烟气，同时也能够提高过滤效率，广泛应用于高温烟气除尘系统中，如烧结机、高炉、转炉等。

(4)聚酯尼龙滤布。

聚酯尼龙滤布是一种由聚酯和尼龙纤维混合制成的滤材，具有较好的耐温性和耐腐蚀性能，常用于轧机冷却液的过滤。该类型的滤布还可以应用于低温和中温的气体除尘系统中，如锅炉、窑炉、干法熟料等。

3.1.2.3　特点及应用

袋式除尘器是钢铁工业中最常用、高效的除尘技术之一，已被广泛应用于烧结机、高炉、转炉、电炉、焦炉、石灰窑等工艺中。由于其卓越的除尘性能，袋式除尘器已成为实现工业烟气细颗粒物超低排放的主流技术装备，使用占比达到95%以上。

该技术具有高效的过滤性能，其过滤效率可达99.99%以上，净化后烟气中颗粒物浓度可降至10 mg/m^{3}以下，甚至可达5 mg/m^{3}以下。同时，袋式除尘器的阻力小于1 000 Pa，已成为常态化。袋式除尘器可以适应各种大小风量的含尘气体净化和气固分离，能够很好地适应烟气量、烟气温度、粉尘比电阻等烟气工况波动，并保持稳定的净化性能。

袋式除尘器对PM_{10}、$PM_{2.5}$微细粒子的有效去除表现出色，同时也可以去除SO_2、汞等其他污染物。在半干法脱硫过程中，袋式除尘器可提高脱硫效率约10%，体现了袋式除尘从单一除尘向协同控制转变。因此，袋式除尘器已成为多污染物协同控制工艺的重要组成部分。以袋式除尘为核心的协同控制技术已成为我国大气污染治理技术发展方向之一。

为了适应高温和大烟气量净化的需要，袋式除尘还有许多问题有待解决，如过滤速度较低、一般体积庞大、耗钢量大、滤袋材质差、寿命短、压力损失大、运行费用高等。近年来，针对烟气中的各种污染物，如NO_x、SO_2、$PM_{2.5}$等，国内外学者提出了许多新型袋式除尘器和协同控制技术。例如，利用生物质活性炭或其他新材料改进袋式除尘器的净化效率，采用电场增强的袋式除尘器等。随着技术的不断创新和发展，袋式除尘器将在未来进一步提升其净化效率和适应性，将有更广阔的应用前景。

3.1.3　湿式电除尘技术

按照清灰方式的不同，电除尘器可以分为干式电除尘器和湿式电除尘器。湿式电除尘器是用水冲洗电极，利用荷电水雾、电场力从气流中分离悬浮粒子(尘粒或液滴)的装置。通常用于饱和烟气中颗粒物的脱除。在燃煤电厂中湿式电除尘器通常布置于湿法脱硫塔后。

3.1.3.1　发展历程

湿式电除尘器是一种利用高压电场对气态颗粒进行集电的除尘设备，其主要应用于能源、冶金、化工等行业中的烟气净化领域。湿式电除尘器最早在1907年开始应用于硫酸和冶金工业生产中，1975年，美国Joy公司首次在宾夕法尼亚电力照明公司燃烧无烟煤的Sudbury电站上安装了一套中试装置，于1979年成功在Getty石油Delaware市精炼厂投入商业运行并得到了广泛应用。

1986年，美国AES Deepwater电厂开始在电站上使用湿式电除尘器，该电厂采用“干式静电除尘+湿法烟气脱硫+湿式电除尘”三级尾气净化系统，其中湿式电除尘器自投运以来一直运行良好，取得了显著的净化效果。在欧洲，1997年由三菱公司制造的一套湿式电除尘器安装于Werndorf电厂2#锅炉，这是欧洲锅炉工厂第一套安装于烟气脱硫（FGD）后的湿式电除尘器。而在日本，湿式电除尘器的工程应用比较成熟，其国内大型燃煤电厂已使用30多年，应用领域广泛。

在中国，湿式电除尘器最早主要应用于化工、冶金等行业，特别是在冶金行业中应用居多。随着环保要求的提高，湿式电除尘器在火电行业中逐渐得到推广应用。2012年，上海长兴岛第二热电厂1#锅炉首次投运成功，标志着湿式电除尘器在国内火电行业的应用开始普及。目前，国内大容量燃煤电厂采用湿式电除尘技术已取得了良好的效果。

3.1.3.2 工作原理

湿式电除尘工作原理示意图如图3.13所示。湿式电除尘技术将水雾喷向集尘板，形成强大的电晕场后，荷电的水雾分裂并进一步雾化。在电场力和荷电水雾的碰撞拦截等作用下，细小颗粒物被捕集并转移到集尘极区域，最终沉积在灰斗内，并排入循环水池。

具体而言，在电场形成的高压区域内，荷电水雾分裂并进一步雾化，形成微粒子和荷电离子。当这些微粒子和荷电离子与烟气中的颗粒物相遇时，将会发生电晕效应，即在颗粒物表面形成一个电晕层。电晕层会吸引周围的荷电离子和微粒子，使其在颗粒物表面逐渐聚集形成更大的颗粒，最终沉积在集尘极上。同时，在水雾的作用下，颗粒物也会被拦截、吸附、凝并和冲刷，进一步促进其沉积在集尘极上。

3.1.3.3 主要类型

1.按阳极材料分类

根据阳极材料的不同，湿式电除尘器一般可分为金属极板和非金属极板两大类。

（1）金属极板。

金属极板材质一般为不锈钢、铝合金等金属材料，采用平板结构，配备水循环系统，以外部供水的方式连续喷水清洗集尘极极板。在金属极板中，阳极和阴极之间的距离较近，电场强度较高，因此对颗粒物的捕集效率较高。同时，金属极板具有较好的导电性和机械强度，能够承受较高的电压和气流冲击，使用寿命较长。由于金属极

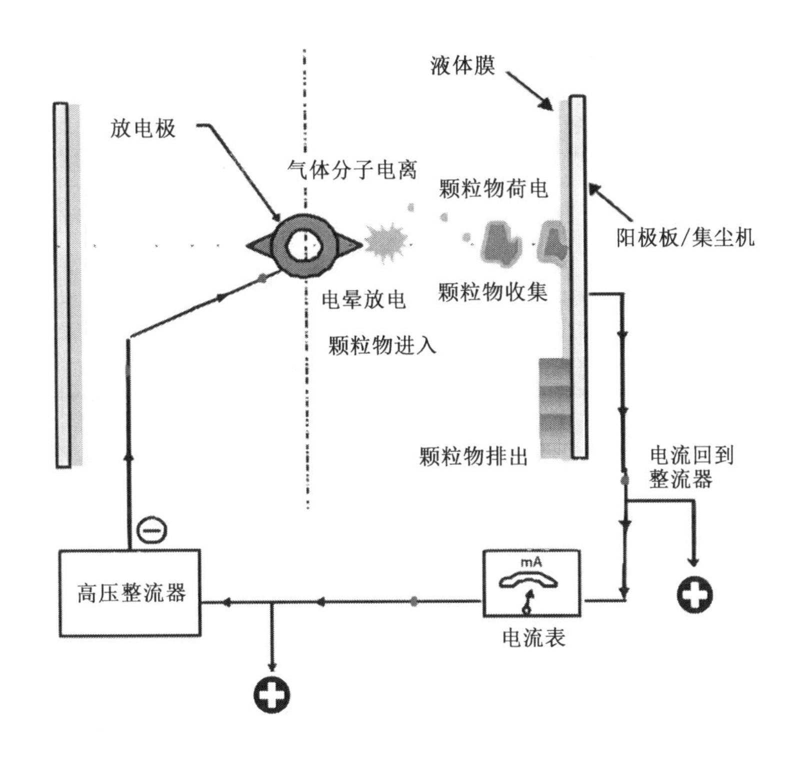

图 3.13　湿式电除尘工作原理示意图

板在运行过程中容易产生腐蚀和污染，因此需要经常进行清洗和维护。

(2)非金属极板。

非金属极板材料多采用导电玻璃钢，收尘板结构形式多为管式，管子有圆形、方形、正多边形等，以多边形居多，利用在集尘极表面形成的连续水膜将烟尘颗粒冲洗去除，间断喷水清灰。在非金属极板中，由于材料的绝缘性较好，电场强度较低，因此对颗粒物的捕集效率较低。但是，非金属极板具有耐腐蚀、耐高温、质量轻等优点，能够适应复杂的工业环境和高温高湿的气流条件。同时，非金属极板不易被污染和腐蚀，使用寿命较长。

2.按布置方式分类

根据布置方式的不同，湿式电除尘器可分为卧式和立式两种类型。其中，在立式布置方式中，又可以根据脱硫塔的叠加情况分为独立布置和一体化布置两种方式。

(1)立式独立布置。

湿式电除尘器和脱硫塔两个设备相对独立地进行设计、制造和安装，湿式电除尘器和脱硫塔的空间位置彼此独立，不会相互影响。立式独立布置方式节约占地面积，能够有效地减少工厂的投资成本，适合于老旧电站的改造。同时，立式独立布置方式还具有维护保养方便、运行稳定等优点。

(2)立式一体化布置。

湿式电除尘器和脱硫塔两个设备被设计为一个整体,通过共享某些部件和结构来实现紧密集成,湿式电除尘器和脱硫塔的空间位置彼此相邻,可以共享某些设备和管道,以减少冗余的部件。立式一体化布置方式能够使工厂的布局更加紧凑,节约占地面积,提高空间利用率。但是,由于两个设备之间的相互影响,需要在设计和制造过程中考虑到各种因素,以确保系统的整体性和运行稳定。

在不同的布置方式下,金属极板湿式电除尘器和非金属极板湿式电除尘器也有所区别。金属极板湿式电除尘器多采用卧式布置方式,将烟气平进平出,具有结构简单、安装方便等优点。而非金属极板湿式电除尘器由于其集尘板通常为管状,因此更适合使用立式布置方式,使烟气从上下进出。同时,卧式独立布置方式下,湿式电除尘器可沿着气流方向进行布置,不同电场之间可以根据烟气特性变化进行结构优化设计,使得整个系统更加灵活、高效。

3.1.3.4 特点及应用

由于湿式电除尘技术采用水雾作为助剂,因此可以有效地去除烟气中的微小颗粒物、有害气体等污染物。该技术具有除尘效率高、克服高比电阻产生的反电晕现象、无运动部件、无二次扬尘、运行稳定、压力损失小、操作简单、能耗低、维护费用低、生产停工期短、可工作于烟气露点温度以下、由于结构紧凑而可与其他烟气治理设备相互结合、设计形式多样化等优点。同时,其采用液体冲刷集尘极表面来进行清灰,可有效收集细颗粒物(一次 $PM_{2.5}$)、SO_3气溶胶、重金属(Hg、As、Se、Pb、Cr)、有机污染物(多环芳烃、二噁英)等,协同治理能力强。使用湿式静电除尘器后,颗粒物排放浓度可达 10 mg/m^3,且具备达到 5 mg/m^3以下的能力。

与干式静电除尘器的振打清灰相比,湿式电除尘器通过在集尘极上形成连续的水膜高效清灰,不受粉尘比电阻影响,无反电晕及二次扬尘问题,且放电极在高湿环境中使得电场中存在大量带电雾滴,大大增加了亚微米粒子碰撞带电的概率,大幅度提高亚微米粒子向集电极的趋近速度,可以在较高的烟气流速下,捕获更多的微粒。湿式电除尘器不仅可有效去除烟气中的 $PM_{2.5}$,同时可协同脱除三氧化硫、汞及除雾器后烟气中携带的脱硫石膏雾滴等污染物,抑制“石膏雨”和“烟囱白雾”的形成,是一种高效的静电除尘器,在钢铁、化工、电力等重工业以及大型锅炉、焚烧炉等领域得到了广泛应用。

需要注意的是,湿式电除尘技术的运行维护要求比较严格,主要包括水质要求、电场参数控制、雾化喷头的选型和调整、水雾输送管道的保养等方面。同时,对于不同的烟气组成和颗粒物特性,也需要进行专门的电场设计和操作管理,以确保设备的正常运行和高效净化。

3.2 二氧化硫控制技术

为控制 SO_2 的排放，可采用燃烧前脱硫、燃烧中脱硫和燃烧后脱硫三种途径。其中，燃烧前脱硫和燃烧中脱硫技术在实际应用中面临一些难以克服的困难，如造价昂贵、技术难度大等问题，因而目前仍未得到广泛应用。与之相比，烟气脱硫被广泛认为是控制 SO_2 排放最为有效的途径。

燃煤后烟气脱硫（FGD）是目前世界上商业化应用最广泛的脱硫技术，全球共研发了 200 多种烟气脱硫技术，但商业应用不超过 20 种。根据脱硫产物是否回收，烟气脱硫可分为抛弃法和回收法。抛弃法将 SO_2 转化为固体残渣并抛弃掉，投资和运行费用较低，但存在残渣污染和处理问题，且硫资源无法回收利用。回收法将 SO_2 转化为硫酸、硫黄、液体 SO_2、化肥等有用物质进行回收，尽管具有环境保护和资源回收的优势，但投资大、经济效益低，甚至可能无法盈利或亏损。在大部分抛弃工艺中，从烟气中除去的硫以钙盐形式被抛弃，因此碱性物质消耗量大；在回收工艺中，回收产物通常为单质硫、硫酸或液态 SO_2。

与燃煤电厂烟气特点不同，钢铁行业的烟气成分复杂、气流量波动大、温度波动大、含水量大、含氧量高，因此在燃煤电厂可以成熟运行的脱硫技术并不能简单转移到钢铁行业中应用。受工艺、烟气排放等特点的影响，钢铁行业脱硫技术种类繁多，根据脱硫剂是否以溶液（浆液）状态进行脱硫，国内外钢铁行业已应用的烟气脱硫技术可大致分为湿法、半干法和干法三类工艺。湿法是指通过使用碱性吸收液或含触媒粒子的溶液，吸收烟气中的 SO_2。湿法脱硫技术因其成熟度高、效率高、钙硫比低、操作简单、运行可靠等优点被广泛应用，但同时也存在脱硫产物不易处理、烟温降低不利于扩散、占地面积和投资大等缺点。干法是指在不降低烟气温度和不增加湿度的条件下，利用固体吸附剂和催化剂除去烟气中的 SO_2。半干法介于湿法和干法之间，采用雾化的脱硫剂浆液进行脱硫，但在脱硫过程中雾滴被蒸发干燥，最终的脱硫产物呈干态。干法和半干法脱硫技术以工艺简单、投资相对较低、脱硫产物易于处理等特点而备受关注，但使用石灰（石灰石）作为脱硫剂时，干法和半干法的钙硫比高，脱硫效率和脱硫剂利用率低。

目前常见的湿法脱硫技术包括石灰石-石膏法、氨法、双碱法、氧化镁法、韦尔曼-洛德法、海水脱硫法等；干式、半干式烟气脱硫技术包括旋转喷雾干燥法、炉内喷钙尾部增湿活化法、循环流化床脱硫技术、荷电干式喷射脱硫法、电子束照射法、脉冲电晕等离子体法等。此外，还有一些新型的烟气脱硫技术正在不断涌现，例如长期以来备受关注的生物脱硫技术和近年来备受重视的浅层过滤器脱硫技术。

干法、半干法脱硫效率一般为 80%以上，SO_2 排放浓度可小于 50 mg/m^3，无脱硫废水产生；湿法脱硫效率一般可达到90%以上，SO_2小于35 mg/m³，脱硫废水需进行处理，脱硫副产物需进行无害化处置和综合利用。以江苏省为例，根据已申领的钢铁行业排污许可证并结合现场踏勘调研可知，石灰/石灰石-石膏法占比约28.5%，干法、半干法约67%，氧化法约4.5%。

3.2.1 煤气脱硫技术

煤气脱硫技术是焦炉煤气、高炉煤气、发生炉煤气、水煤气等送达下游用户前脱除其中的硫化物的方法。

焦炉煤气、高炉煤气、发生炉煤气、水煤气等煤气中的硫化物主要来源于气化用煤，主要包括硫化氢、羰基硫、二硫化碳、硫醇和噻吩等。煤气脱硫技术主要指脱除煤气中的硫化氢、羰基硫的技术。

我国对煤气中硫化氢的脱除始于20世纪50年代末的焦炉煤气净化工艺，如硫铵工艺、ADA脱硫工艺、氨法脱硫工艺等。70年代后期，从日本和德国引进了全套的焦炉煤气脱硫净化技术，包括AS循环洗滌脱硫脱氰工艺、FRC脱硫脱氰工艺、Sulfiban脱硫工艺、克劳斯工艺等。近年来，我国自行开发了PDS（酞菁钴磺酸铵）工艺、HPF工艺、栲胶工艺和苦味酸工艺等具有国际先进水平的焦炉煤气脱硫净化工艺。对于煤气中羰基硫脱除的研究最早是在工业上克劳斯回收硫工艺中，后逐渐发展出热解法、加氢转化法、水解法、化学吸收法等工艺。典型煤气脱硫工艺图如图3.14所示。

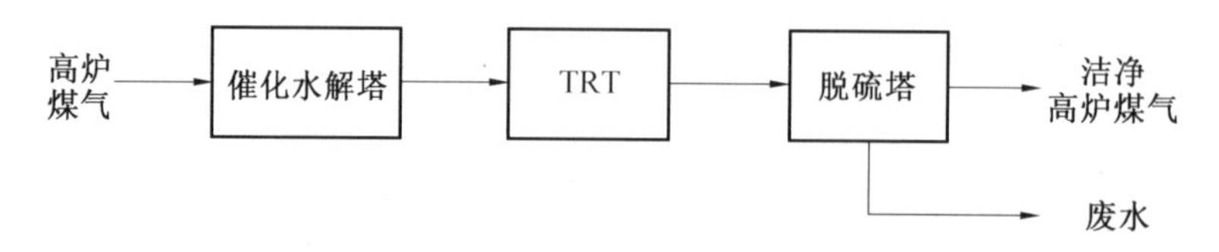

图3.14　典型煤气脱硫工艺图

3.2.1.1 硫化氢脱除技术

煤气中的硫化氢（H_2S）的脱除技术目前主要可分为干法脱硫和湿法脱硫。

1.干法脱硫技术

煤气干法脱硫技术应用较早，有氧化铁吸附脱硫技术和活性炭吸附脱硫技术两种，一般用于湿法一次脱硫后的精脱硫或对煤气中H_2S含量要求严格的场合。

氧化铁脱硫技术主要是以沼铁矿为脱硫剂，氧化铁脱硫剂是一种高效脱硫剂，具有高硫容量、活化性能好、阻力小、脱硫精度高、可连续再生等优点，在常温下几乎可以将H_2S全部脱除。

氧化铁脱硫剂在脱硫和再生过程中的主要反应为

$$2Fe(OH)_3+3H_2S = Fe_2S_3+6H_2O \tag{3.1}$$

$$2Fe_2S_2+3O_2+6H_2O = 4Fe(OH)_3+6S \tag{3.2}$$

该技术能耗低、投资少、占地面积小、操作工艺简单、无污染、自动化程度较高，且脱除效率高，主要适用于气量不大的焦炉煤气脱硫或精度要求较高的焦炉煤气二次脱硫过程。在与湿法脱硫工艺相结合时，作为二次精脱硫工序往往能达到更好的脱硫效果，具有较好的应用前景。

干法脱硫还包括活性炭脱硫技术，该技术是 20 世纪 20 年代首先由德国提出的。活性炭是常用的一种固体脱硫剂，一般用于常温脱硫。与其他工业脱硫剂相比，它具有操作方便、硫容量大和脱硫效率高等特点，因此得到广泛应用，特别是用来处理含低浓度 H_2S 的气体。

活性炭具有表面活性氧的氧化作用和丰富微孔的固硫作用。活性炭的催化活性很强，利用其催化和吸附作用，将煤气中的 H_2S 在活性炭的催化作用下与煤气中少量的 O_2 发生氧化反应，反应生成的单质 S 吸附于活性炭表面。当活性炭脱硫剂吸附达到饱和时，利用 450~500 ℃的过热蒸汽对活性炭脱硫剂进行再生，使得单质硫从活性炭中析出。活性炭脱硫的反应过程为

$$2H_2S+O_2 = 2S+2H_2O \tag{3.3}$$

近年来，活性炭系脱硫剂的研究发展迅速。通过物理处理、化学改性以及改变活化剂和活化温度等技术手段，对活性炭脱硫剂进行改性后，其脱硫效果得到了显著提高，不仅可以去除无机硫，还可以有效地去除有机硫。然而，在实际应用中，活性炭脱硫剂不能同时满足一定的脱硫精度和较高的工作硫容的双重要求。为了达到更低的出口硫含量，必须降低硫容并缩短穿透时间，因此，通常只将活性炭脱硫剂作为精脱硫剂使用。

值得注意的是，活性炭脱硫剂在脱除无机硫时，只有在氧存在和碱性条件下才能发挥最佳效果。在使用过程中，活性炭脱硫剂可以通过再生处理后循环使用，节省成本和资源。

活性炭脱硫技术操作温度低、工艺简单、效果好，可用于较高空速下操作。同时改性活性炭的开发，脱硫效率和应用领域的拓宽，使其成为更具有吸引力的脱硫方法，具有广泛的应用前景，未来仍需进一步研究和开发，以提高其脱硫效率和稳定性。

2.湿法脱硫技术

湿法脱硫可以分为物理吸收法、化学吸收法和氧化法三种。物理吸收法是采用有机溶剂作为吸收剂，加压吸收 H_2S，再经减压将吸收的 H_2S 释放出来，吸收剂循环使用，该法以环丁砜法为代表；化学吸收法是以弱碱性溶剂为吸收剂，吸收过程伴随化学反应，吸收 H_2S 后的吸收剂经增温、减压后得以再生，热砷碱法即属化学吸附

法；氧化法是以碱性溶液为吸收剂，并加入载氧体为催化剂，吸收 H_2S，并将其氧化成单质硫，以改良 ADA 法和栲胶法为代表。在发生炉煤气的湿法脱硫技术中，应用较为广泛的是栲胶脱硫法，它是以纯碱作为吸收剂，以栲胶为载氧体，以 $NaVO_2$ 为氧化剂，其脱硫及再生主要反应过程为

$$H_2S+Na_2CO_3 = NaHS+NaHCO_3 \tag{3.4}$$

$$NaHS+NaHCO_3+2NaVO_2 = S\downarrow +Na_2V_2O_2+Na_2CO_2+H_2O \tag{3.5}$$

3.2.1.2 羰基硫脱除技术

煤气中的羰基硫的脱除技术主要分为干法和湿法两大类。干法脱硫通常利用吸附剂的吸附作用或催化剂的催化转化能力将羰基硫脱除，常见的工艺包括固体吸附、加氢转化和催化水解等。这些干法脱硫工艺具有设备简单、脱硫效率高等优点，但也存在一定的缺点，如操作温度高、催化剂易失活等。

与干法不同，湿法脱硫一般是先对羰基硫进行分离和富集，然后对其进行氧化，最终生成硫磺或硫酸。在分离富集过程中，主要是根据羰基硫与醇胺之间的反应，利用醇胺作为吸收液。常用的醇胺包括乙醇胺（MEA）、二乙醇胺（DEA）、二异丙醇胺（DEPA）、和 N-甲基二乙醇胺（MDEA）等。湿法处理气量大，能同时脱除各种形态硫化物，适用于羰基硫含量高的气体，但也存在一些缺点。例如，湿法脱硫工艺选择性较差，可能会造成其他有用物质的损失；尾气中羰基硫残余浓度较高，需要进一步处理；设备庞大，需要占用较多的空间等。

3.2.2 干法烟气脱硫技术

从 20 世纪 70 年代起，欧美各国颁布了大气污染防治的有关法令和条例，并且开始强制采用烟气脱硫技术来控制大气 SO_2 污染，促进了干法/半干法等烟气脱硫技术研究及开发。我国在 20 世纪 80 年代开始引进国外烟气脱硫技术，开启我国烟气脱硫历程。

干法/半干法烟气脱硫技术的优点：具有较高的脱硫效率和较低的钙硫比；与除尘器适应性强，对原有除尘器影响较小；在接近烟气绝热饱和温度下运行，且高于酸露点温度 15 度以上，酸腐蚀小；系统简单，检修维护量小，运行费用低。

干法烟气脱硫技术是脱硫剂以干态进入脱硫塔与 SO_2 反应，脱硫终产物呈“干态”的烟气脱硫方法。干法烟气脱硫主要包括炉内喷钙、循环流化床和活性炭/活性焦干法脱硫技术。

3.2.2.1 炉内喷钙法烟气脱硫技术

炉内喷钙法是将石灰石喷入炉膛，在温度高于 800 ℃时分解为 CaO，CaO 与 SO_2 发生气-固两相反应，从而脱除 SO_2 的方法。早在 20 世纪 70 年代，该方法就在美国

进行了开发研究，但是由于当时其脱硫效率较低，一直没有得到推广应用。近年来，由于其设备简单、投资省、运行费用低、占地面积少、无废水排放、适合老电厂脱硫改造、脱硫产物呈干态易于处理等特点，又重新受到了人们的重视。

炉内喷钙法通常应用于低硫煤电厂的脱硫，特别适用于老电厂的脱硫改造，较少用于新建电厂的烟气脱硫。

3.2.2.2　循环流化床法烟气脱硫技术

循环流化床法烟气脱硫（CFB-FGD）技术，是利用循环流化床工作原理，脱硫剂在循环流化床内多次循环形成流态化，实现脱硫剂与烟气中 SO_2 反应实现脱硫的方法。该技术是在 20 世纪 80 年代后期由德国鲁奇公司首先研究开发的，其主要特点是：①循环流化床内部采用流态化的方式进行操作，使得气体和固体之间的接触面积增大，气-固两相间传热、传质充分；②脱硫剂多次循环延长接触反应时间，提高了脱硫剂的利用率和脱硫效率。用此法可处理高硫煤，在钙硫比为 1～1.5 时，能达到 90%～97%的脱硫效率。

循环流化床法主要分为以下两个步骤：①CaO 被注入到循环流化床中与烟气接触。由于循环流化床本身的特性，CaO 颗粒的空隙会逐渐扩大，从而使其表面积扩大，为固硫打下良好的基础。②硫的固化反应。当 CaO 颗粒的表面积扩大后，SO_2 与 CaO 发生化学反应，生成 $CaSO_4$（硫酸钙）。此外，一些未被完全燃烧的有机物也可能与 CaO 反应，进一步减少排放物中的污染物。

循环流化床法的主要优点是：①相对于湿法脱硫来说，设备简单，建设投资及运行成本较低，仅为湿法投资的 50%左右，因此被认为是一项经济而实用的技术；②在使用 $Ca(OH)_2$ 作脱硫剂时有很高的钙利用率和脱硫效率，特别适合于高硫煤；③由于其采用的是干式运行，生成的最终固态产物易于处理，且不会产生废水，减少了环保问题。同时，该技术还具有运行稳定、操作自动化程度高等特点。

循环流化床法的适用范围很广，适用于各种规模的烟气量，从 35 t/h 的锅炉到 300 MW 的锅炉都能适用，而且对煤的适应性很好，高、中、低硫煤均适用。该技术还非常适用于老厂的改造。

3.2.2.3　活性炭/活性焦干法烟气脱硫技术

活性炭/活性焦干法是一种较为先进的脱硫工艺技术，是目前世界范围内应用广泛的技术之一，其在拥有较高脱硫效率的同时，兼具对烧结烟气中如重金属、NO_x、HF、HCl 等多种污染物的协同脱除作用，日本在 2000 年后的烟气脱硫项目中均采用活性炭吸附法。活性炭吸附法工艺主要由三部分组成：吸附工程、再生工程、副产品回收工程。

活性炭/活性焦干法脱硫技术，是利用活性炭/活性焦孔隙吸附烟气中 SO_2，吸附后的活性炭/活性焦通过加热再生，释放富集 SO_2资源化回收，再生后的活性炭/活性焦循环利用的脱硫技术。

其反应原理如下：含硫烟气通过除尘器除尘后经鼓风机和升压鼓风机送入移动层吸收塔，并在吸收塔入口处喷入氨作为脱硝还原剂。吸附了硫酸和铵盐的活性炭被送入解吸塔，经加热至 400 ℃左右即可解吸出高浓度 SO_2，送往派生品回收装置，可利用它生产高浓度硫磺或浓硫酸；再生后的活性炭经冷却筛去杂质后送回吸收塔进行循环使用。

活性炭/活性焦干法脱硫的优点较为明显：①活性炭/活性焦来源广泛，吸附性能好，比表面积较大，有利于 SO_2的吸附和去除；②活性炭/活性焦耐压、耐磨损、耐冲击，机械强度高，性质稳定，易再生；③资源化利用率高，副产物如 SO_2可回收利用，且不消耗工艺水，节省大量水资源，有一定经济效益；④运行管理简单、占地面积小；⑤可以高效协同脱除 NO_x、SO_x和粉尘等多种污染物，达到烟气净化的目的；⑥副产品可生产硫磺、硫酸等，实现硫的资源化和循环经济。

活性炭/活性焦干法脱硫技术也存在一些缺点：①其工艺投资大、对管理水平、自动化水平要求高、运行成本高；②在实际工程中所需成本及维护费用较高；③为避免颗粒物进入吸收塔内堵塞活性炭表面而导致活性炭活性降低，该工艺需要设置前端除尘设备，且对除尘效率要求较高；④处理过程中活性炭/活性焦存在物理与化学损耗较大的现象；⑤为实现重复利用，还需进行活性炭/活性焦再生，能源消耗较大；⑥需要对烟气温度进行一定控制，防止活性炭/活性焦发生高温自燃；⑦制酸废水的处理亟待解决等。根据活性炭自燃的特点，烟气中 SO_2浓度不应高于 3 000 mg/m^3，烟气温度不应高于165 ℃，否则存在一定的技术风险。

3.2.2.4 SDS 烟气脱硫技术

SDS 烟气脱硫技术是利用脱硫剂（$NaHCO_3$）超细粉与烟气充分混合、接触，在催化剂和促进剂的作用下，与烟气中 SO_2快速反应。在反应器、烟道及袋式除尘器内，脱硫剂超细粉一直与烟气中的 SO_2发生反应，反应快速、充分，在 2 s 内即可生产副产物硫酸钠（Na_2SO_4）。通过布袋回收副产物，作为化工产品加以利用。SDS 烟气脱硫技术中的 $NaHCO_3$超细粉是一种环保型脱硫剂，与传统脱硫剂相比，具有使用量小、效果好等优点。SDS 烟气脱硫工艺流程如图 3.15 所示。

SDS 烟气脱硫工艺具有脱硫效率高、无温降、无水操作、投资省、占地面积小、低电耗、无腐蚀、设备简单、易操作维护、脱硫副产物产生量小、硫酸钠含量高等优点，是经济可行、能满足当前及更严格的环保标准要求的技术。SDS 脱硫技术应用广泛，在焦炉、锅炉、加热炉等方面发挥着关键的技术作用。例如，在焦化行业，SDS 干法脱硫工艺在温降低、无废水、系统阻力低等方面较其他工艺有无可比拟的优势。在锅炉

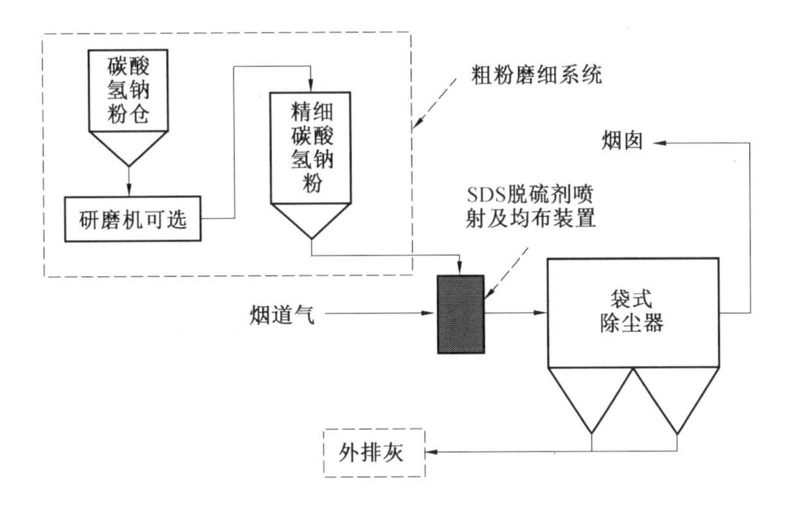

图 3.15　SDS 烟气脱硫工艺流程

中，SDS 脱硫技术可以有效地降低烟气中的 SO_2浓度，满足环保排放要求。此外，在钢铁、电力、化工等行业的加热炉中，SDS 脱硫技术也被广泛采用。相比于传统湿法脱硫技术，SDS 干法脱硫技术不需要额外的设备处理脱硫废水，不仅节约了水资源，同时避免了二次污染的可能性，具有很大的优势。

另外，SDS 脱硫技术还有其他一些特点：首先，该技术不会对环境造成任何负面影响，符合现代社会可持续发展的理念；其次，该技术所产生的副产品，即硫酸钠，可以被广泛应用于化肥、玻璃、制盐等领域，具有极高的经济价值；最后，该技术的设备简单易操作，维护成本较低，因此更加适合小型企业和规模较小的生产线使用。

3.2.2.5　固定床钙基干法烟气脱硫技术

固定床钙基干法脱硫工艺主要由脱硫塔、增压风机、烟道、阀门、仪表及控制系统等组成。

其反应原理为

$$Ca(OH)_2+SO_2 = CaSO_3+H_2O \tag{3.6}$$

$$Ca(OH)_2+SO_3 = CaSO_4+H_2O \tag{3.7}$$

$$Ca(OH)_2+HF = CaF_2+H_2O \tag{3.8}$$

$$Ca(OH)_2+HCl = CaCl_2+H_2O \tag{3.9}$$

$$Ca(OH)_2+SO_2+1/2O_2 = CaSO_4+H_2O \tag{3.10}$$

颗粒体脱硫剂装于脱硫塔中，烟气流过后，脱硫剂中的 $Ca(OH)_2$在助剂的作用下和烟气中的 SO_2进行反应，并被反应固化成为 $CaSO_4$。整个过程不使用水，亦不产生废水，也不存在消白的需要，操作简单，对于烟气条件短时间的一些波动不敏感，对于烟气温度也不敏感，几乎适于所有的烟气条件。

3.2.3 半干法烟气脱硫技术

半干法烟气脱硫技术是脱硫剂以增湿状态进入脱硫塔与 SO_2 反应,脱硫终产物呈“干态”的烟气脱硫方法。

半干法烟气脱硫工艺的脱硫反应速度快,脱硫效率可达 90%以上,在脱硫的同时,还能去除烟气中的一些重金属类的污染物,并且整个工艺相对简单,由于脱硫剂的循环利用,一定程度上降低了运行成本,该脱硫技术目前应用较为广泛。同时,该工艺也存在一定的缺点,如脱硫的副产物无法利用,对锅炉负荷变化的适应性不高,而且需要配备除尘系统,对整个工艺流程中运行控制要求都较高。

半干法烟气脱硫主要有喷雾干燥法、炉内喷钙尾部增湿半干法、旋转喷雾干燥法等。

3.2.3.1 喷雾干燥法烟气脱硫技术

喷雾干燥法烟气脱硫技术利用机械力或气流将脱硫剂分散成极细小的雾状液滴,雾状液滴与烟气形成比较大的接触表面积,在气-液两相之间发生充分的热量交换、质量传递和化学反应,将 SO_2 转化为可稳定存储的 $CaSO_3$ 或 $CaSO_4$ 等物质,使烟气中的 SO_2 被脱除。与此同时,吸收剂带入的水分迅速被蒸发而干燥,烟气温度随之降低。脱硫反应产物及未被利用的吸收剂以干燥的颗粒物形式随烟气带出吸收塔,进入除尘器被收集下来。脱硫后的烟气经除尘器除尘后排放。

喷雾干燥法烟气脱硫技术是在 20 世纪 80 年代迅速发展起来的。目前,该技术在烟气脱硫领域的市场份额仅次于湿钙法烟气脱硫技术。喷雾干燥法设备结构简单、操作便捷,可使用碳钢作为结构材料,不存在微量金属元素废水。但其仍然存在一些不足之处,如脱硫效率较低、产生的脱硫副产物难以稳定存储等。因此,在实际使用中需要对其工艺流程和设备进行优化和改进。该工艺有两种不同的雾化形式可供选择,一种为旋转喷雾轮雾化,另一种为气-液两相流雾化。

喷雾干燥法是一种经济可行的半干法烟气脱硫技术,该工艺在美国及西欧一些国家应用较为广泛。

3.2.3.2 炉内喷钙尾部增湿半干法烟气脱硫技术

炉内喷钙尾部增湿半干法烟气脱硫技术由芬兰 Ivo 公司和 Tampella 公司联合开发,是在炉内喷钙的基础上发展起来的。传统炉内喷钙工艺的脱硫效率仅为 20%~30%,而炉内喷钙尾部增湿半干法烟气脱硫技术,在炉内喷钙的基础上于锅炉尾部增设了增湿段,可显著提高脱硫效率。

该技术将石灰石粉喷射入炉膛 850~1 150 ℃的温度区,石灰石受热分解为 CaO 和 CO_2,CaO 与烟气中的 SO_2 发生气-固反应生成 $CaSO_3$,从而达到脱硫的目的。由于反应在气-固两相之间进行，受到传质过程的影响，反应速度较慢，吸收剂利用率较低，为了提高脱硫效率，锅炉尾部增加增湿段，增湿水以雾状喷入，并与未反应的 CaO 接触，生成 $Ca(OH)_2$，进而与烟气中的 SO_2 反应，增强气-液-固三相热量交换、质量传递和化学反应，提高了脱硫效率。当钙硫比控制在 2.5 及以上时，系统脱硫率可达到 65%~80%。由于增湿水的加入，烟气温度下降，为避免冷凝，一般控制出口烟气温度高于露点温度 10~15 ℃，增湿水由于吸收烟气热量而被迅速蒸发，未反应的吸收剂和反应产物呈干燥态随烟气排出，最终被除尘器收集下来。

由于脱硫过程吸收剂的利用率较低，脱硫副产物中 $CaSO_3$ 含量较高，炉内喷钙尾部增湿半干法脱硫副产物的综合利用受到一定的限制。该技术比较适合中、低硫煤，其投资及运行费用较低，具有明显优势，较具竞争力，也比较适合中小容量机组和老电厂的改造，但其脱硫效率比湿法低。该技术在芬兰、美国、加拿大、法国等国家得到应用，采用这一脱硫技术的最大单机容量已达 300 MW。我国在南京下关电厂的 12.5 万 kW机组已采用这一脱硫技术，脱硫效率为 75%。

3.2.3.3　旋转喷雾干燥法(SDA)烟气脱硫技术

旋转喷雾干燥法烟气脱硫技术是美国 Joy 公司和丹麦 Niro 公司联合研制出的工艺。目前，国内大多采用丹麦 Niro 公司的旋转雾化器，使用寿命一般在 30 年以上。

旋转喷雾干燥法烟气脱硫技术是利用喷雾干燥的原理，将吸收剂浆液雾化喷入吸收塔，在吸收塔内，烟气中的 SO_2 与吸收剂发生化学反应，反应过程包括四个步骤：吸收剂制备；吸收剂浆液雾化；雾粒和烟气混合，吸收 SO_2 并被干燥；废渣排出。烟道气从脱硫塔入口进入 SDA 吸收塔中，与被雾化的脱硫剂浆液接触，发生物理、化学反应，烟气中的 SO_2 被吸收净化。吸收 SO_2 并干燥的含粉尘烟气进入袋式除尘器进行净化及进一步的脱硫反应，袋式除尘器除下的灰部分经过空气斜槽进入循环灰仓循环利用，以提高脱硫剂的利用率，另一部分灰由仓泵打入灰库外排，如图3.16所示。

旋转喷雾干燥法烟气脱硫工艺通常采用生石灰(主要成分是 CaO)作为脱硫剂。生石灰经过熟化处理后，会转化成具有较好反应能力的熟石灰浆液，其主要成分是 $Ca(OH)_2$。这种熟石灰浆液会被装在吸收塔顶部的高速旋转雾化器中，在喷射时形成均匀的雾滴，其雾粒直径可小于 100 μm。这些微小的分散颗粒具有很大的比表面积，一旦与烟气接触，就会发生强烈的热交换和化学反应，迅速蒸发绝大部分水分，形成含水量少的固体灰渣。如果吸收剂颗粒没有完全干燥，那么在吸收塔之后的烟道和除尘器中仍然可以继续发生吸收 SO_2 的化学反应。

旋转喷雾干燥法系统相对简单、投资少、运行费用低，占地面积小，而且运行相当可靠，不会结垢和堵塞，只要控制好干燥吸收器的出口烟气温度，就可以有效降低设备的腐蚀性。此外，由于旋转喷雾干燥法采用干式运行，最终产物易于处理。与传统

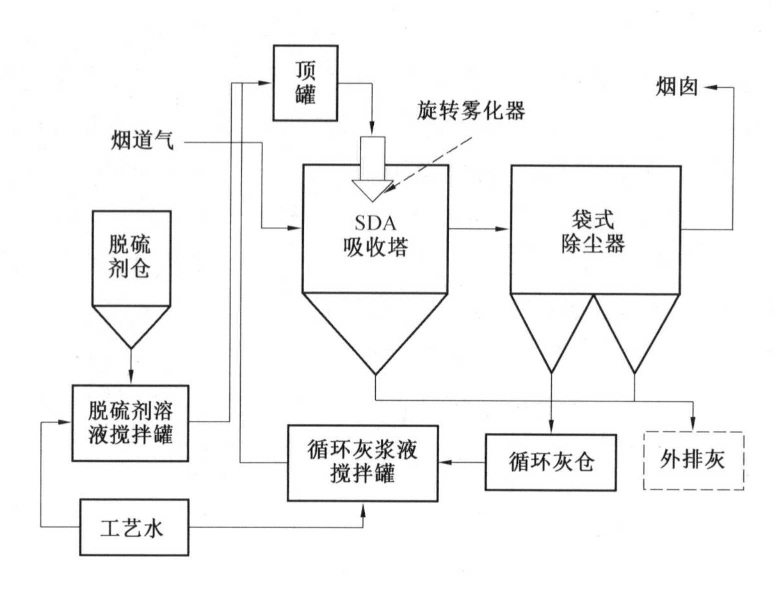

图 3.16　SDA 烟气脱硫工艺图

的湿法脱硫工艺相比,旋转喷雾干燥法的脱硫效率略低,通常只能实现 75%~90%的烟气脱硫率,在高硫煤的脱硫应用中需要更加精密的操作和管理以提高脱硫效率。

随着科学技术的发展,从过去主要适合中、低硫煤的脱硫,到现在已经研制出适合高硫煤的脱硫工艺,该技术已经适应了市场的需求,在我国的环保领域有着广阔的应用前景。

3.2.4　湿法烟气脱硫技术

湿法烟气脱硫技术(WFGD)是一种利用液体或浆状吸收剂在潮湿的状态下进行脱硫和处理脱硫产物的方法。在该过程中,使用石灰、石灰石、氨、氧化镁、氢氧化钠等吸收剂来完成反应。其特点是脱硫系统位于烟道末端和除尘器之后,其脱硫反应温度低于露点,因此需要再加热烟气才能排出。由于是气-液反应,因此脱硫速度快,效率高,且脱硫剂利用率高。例如,使用石灰作为脱硫剂,当钙硫比为 1 时,即可达到 90%的脱硫效率。

实际上,在 WFGD 中,脱硫效率主要受浆液 pH 值、液气比、停留时间、吸收剂品质及用量的影响。其中,浆液 pH 值对脱硫效率有很大影响,通常在 8.5~9.0 时具有最佳脱硫效率。液气比越高,脱硫效率越高,但也会增加处理成本。停留时间越长,脱硫效率越高,但也会使系统变得更加复杂和昂贵。吸收剂品质和用量的选择不仅影响脱硫效率,还直接影响 WFGD 系统的经济性和环保性能。

当前,湿法烟气脱硫技术已在世界范围内工业领域实现大规模推广应用,如中国、美国、德国、日本等国家燃煤电厂烟气脱硫技术均以湿法为主,比较成熟、先进的湿法烟气脱硫技术主要有石灰石/石灰-石膏湿法、氨法、海水法和镁法等。

3.2.4.1　石灰石/石灰-石膏湿法烟气脱硫技术

石灰石/石灰-石膏湿法烟气脱硫技术采用石灰石或石灰作为脱硫吸收剂，石灰石破碎与水混合，磨细成粉状，制成吸收浆液。脱硫系统一般由吸收剂制备系统、烟气系统、SO_2吸收系统、副产品处理系统组成。吸收塔是脱硫装置的核心设备，它的结构设计优劣直接关系到脱硫效率的高低，常见的有喷淋塔（空塔、喷雾塔）、填料塔、喷射鼓泡塔和双回路塔四种类型，脱除机理类似。

钢铁烟气脱硫自2004年起步以来，石灰石/石灰-石膏湿法烟气脱硫工艺便占据了较大的市场份额，因其吸收塔形式的不同，脱硫效果不一，目前，在钢铁烟气石灰石/石灰-石膏法脱硫装置中，以空塔喷淋的吸收塔类型效果最好。其原理为：含SO_2烟气在吸收塔中与石灰石/石灰喷淋浆液逆向接触，SO_2被喷淋浆液吸收形成H_2SO_3，然后与Ca基脱硫剂反应，形成$CaSO_3$，$CaSO_3$经由氧化风机与搅拌工艺协同作用生成$CaSO_4$，结晶形成石膏，SO_2被脱除。脱硫后的烟气经除雾器去水、换热器加热升温后进入烟囱排向大气。脱硫石膏浆经脱水装置脱水后回收，脱硫废水经处理后达标排放或综合利用。

由于石灰石价格较低，并易于运输与保存，因而自20世纪80年代以来，石灰石已经成为石膏法的主要脱硫剂。石灰石/石灰-石膏湿法烟气脱硫技术适用于任何含硫量煤种的烟气脱硫，经多年工程应用及不断完善，目前脱硫效率可稳定在97%左右，该技术是目前最有效的烟气脱硫技术，被广泛应用。

石灰石/石灰-石膏湿法烟气脱硫技术较为成熟，原料丰富易得，适用的煤种范围广，并且具有能耗低、吸收剂利用率高（可大于90%）、设备运转率高（可达90%以上）、脱硫效率高、工作运行可靠性高等特点，广泛应用于燃煤电厂中。但其也存在诸多问题：初期投资费用太高、运行费用高、占地面积大、系统管理操作复杂、磨损腐蚀现象较为严重，脱硫过程中产生的大量废水较难处理，此外，该技术运行状况不佳时存在湿烟气拖尾或“石膏雨”现象。

3.2.4.2　氨法烟气脱硫技术

氨法烟气脱硫技术采用一定浓度的氨水作为吸收剂，最终的脱硫产物是硫酸铵，可作为农用化肥，脱硫效率为90%~99%。该技术是世界上商业化应用的脱硫方法之一，既可以高效脱硫又可以部分脱除烟气中的NO_x，副产物为硫酸铵，可回收利用，是控制酸雨和SO_2污染最为有效和环保的湿法烟气脱硫技术。

氨法烟气脱硫工艺过程一般分成三个步骤：脱硫吸收、中间产品处理、副产品制造。在该技术中，锅炉燃烧产生的烟气经过烟气换热器冷却至90~100 ℃，然后进入预洗涤器进行洗涤。在脱硫吸收阶段，烟气中的SO_2被NH_3吸收生成氨基硫酸盐，并形成含有高浓度氨水的溶液。在中间产品处理阶段,这种溶液会通过一系列的操作(如冷凝、蒸发、重结晶等)进行处理,生成较为纯净的硫酸铵粉末或颗粒,这是一种常见的化肥原料。而在副产品制造阶段,除了硫酸铵之外,还可以得到其他一些次要的副产品,如尿素、甲醇、丙烯酰胺等。氨法烟气脱硫工艺流程如图 3.17 所示。

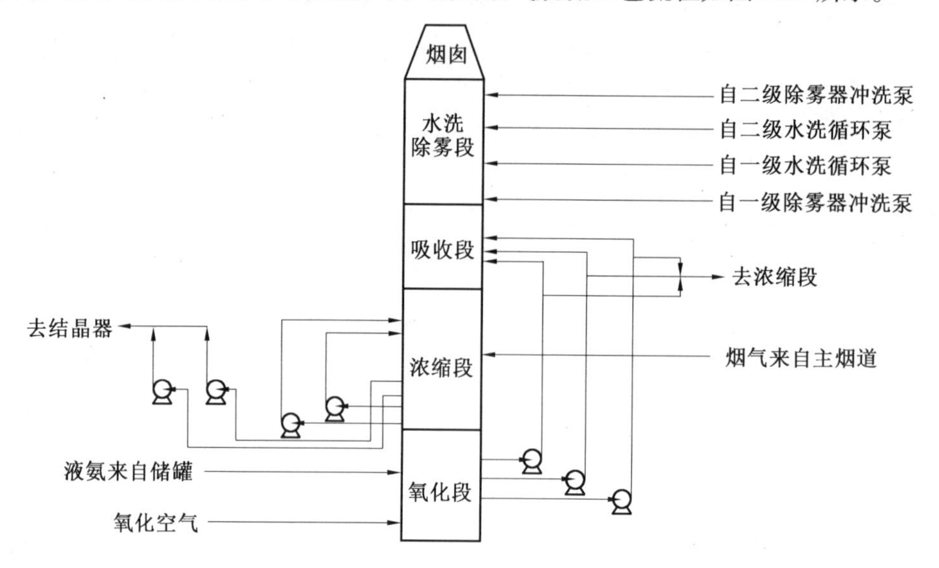

图 3.17　氨法烟气脱硫工艺流程

根据过程和副产物的不同,氨法烟气脱硫技术又可分为氨-硫酸铵法、氨-酸法、氨-亚硫酸铵法等。在氨-硫酸铵法中,烟气中的 SO_2通过氨水吸收后,生成氨基硫酸盐溶液,然后与浓硫酸反应生成硫酸铵晶体。这种工艺能够高效地将 SO_2转化为纯度较高的硫酸铵,在农业生产中有广泛的用途,但需要消耗大量的浓硫酸。在氨-酸法中,氨水一般与硫酸或盐酸等酸性试剂混合使用,形成一个酸性环境,以促进 SO_2的吸收和转化。该工艺流程简单,易于实现连续操作,但是会产生大量的废酸,分解出来的 SO_2气体须有配套的制酸系统处理,处理成本较高。在氨-亚硫酸铵法中,烟气中的 SO_2经过吸收后,消耗亚硫酸氢钠($NaHSO_3$)或 SO_2等试剂,生成亚硫酸铵[$(NH_4)_2SO_3$]。这种技术需要消耗较多的试剂,并且产生的$(NH_4)_2SO_3$ 溶液中还会含有一定量的 SO_2和亚硫酸氢盐,需要进一步处理,运行成本较高。

虽然氨法烟气脱硫技术具有高效、高脱硫率等优点,但是相对于低廉的石灰石等吸收剂,氨的价格要高得多,这也导致氨法脱硫技术的运行成本较高,此外,氨法脱硫工艺流程相对复杂,包括氨水的制备、氨与 SO_2的吸收反应、中间产品的处理等多个步骤,因此需要更加严格的操作控制和设备维护,增加了其投资成本,这些因素都影响了氨法脱硫技术的推广应用。但在某些地区,氨法脱硫仍然具有一定的吸引力。例如,当氨的来源稳定、副产品具有市场时,氨法脱硫技术的应用将更加经济可行。

此外，随着环保法规逐渐完善，氨法脱硫技术在未来的发展前景也不容忽视。

3.3　氮氧化物治理技术

氮氧化物的治理技术主要可以分为两大类：一是源头治理，其特征是通过各种技术手段，控制燃烧过程中 NO_x 的生成反应；另一类是末端治理，其特征是把已经生成的 NO_x 通过某种手段还原为 N_2，从而降低 NO_x 的排放量。

低氮燃烧技术一直是应用最广泛的措施，即使是为满足排放标准的要求不得不使用尾气净化装置，仍须采用它来降低净化装置入口的 NO_x 浓度，以达到节省费用的目的。

除通过改进燃烧技术控制排放外，有些情况还需要对烟气进行处理，以降低 NO_x 的排放量，通常称为烟气脱硝，目前已开发了多项商业化的烟气脱硝技术，有些还在研究中。烟气脱硝是一个棘手的难题，原因之一是要处理的烟气体积太大，但 NO_x 的排放浓度相对较低，在未处理的烟气中，与 SO_2 对比，可能只有 SO_2 浓度的1/3～1/5；原因之二在于 NO_x 的总量相对较大，如果用吸收或吸附过程脱硝，必须考虑废物最终处置的难度和费用。只有当有用组分能够回收，吸收剂或吸附剂能够循环使用时才可考虑选择烟气脱硝。将 NO_x 催化还原或非催化还原为 N_2 的技术，相对于吸收和吸附过程有明显的优势。该技术需要加入帮助 NO_x 还原的添加剂，通常为市场上可获得的物质，不产生任何固态物质或液态的二次废物。对于烟气 NO_x 污染治理，目前有两类商业化的烟气脱硝技术，分别为选择性催化还原和选择性非催化还原。

NO_x 入口一般为 300 mg/m^3 左右，采用选择性催化还原技术的钢铁企业数量较多，根据催化剂反应温度窗口分为高温和中低温两类。通过增加催化剂层数、延长烟气反应时间、适当增加喷氨量等操作，可达到超低排放控制要求。但该技术产生的废钒钛系催化剂需进行无害化处理。在前端颗粒物浓度与 SO_2 控制稳定的情况下，催化剂中毒可得到有效控制，烟气脱硝设施运行效果较好。

3.3.1　低氮燃烧技术

低氮燃烧技术是指根据一定的燃烧学原理，通过各种技术手段改变燃烧条件或燃烧工艺来降低燃烧产物（烟气）中 NO_x 生成量的技术。燃烧生成的 NO_x 主要是 NO 和 NO_2，统称为氮氧化物。

自 20 世纪 50 年代起，人们就开始了对燃烧过程中 NO_x 的生成机理和控制方法的研究。到 70 年代末和 80 年代初，低氮燃烧技术的研究和开发达到了高峰期，人们开发出了许多高效的低氮燃烧器等技术手段。随着时间的推移和工艺的深入研究，90 年代之后已开发的低氮燃烧器逐渐得到了改进和优化，日益完善。这些改进包括燃烧器结构的优化、燃烧控制模式的改进以及更好的气流动力学分析等方面。通过这些改进和优化,低氮燃烧器的燃烧效率和NO_x减排效果都得到了显著提高,成为现代工业燃烧技术中的重要组成部分。

低氮燃烧技术分为空气分级燃烧技术和烟气再循环技术,低氮燃烧主要的工作原理是通过对燃烧条件的改变,进而改变燃烧过程中生成的产物,减少NO_x的排放量,降低空气污染。低氮燃烧会改变空气的成分和混合方式,降低空气的含量,从而控制燃烧过程中的温度,进而减少污染物的形成。

低氮燃烧技术适用于燃气锅炉、燃煤锅炉、石化工艺炉、燃气热风炉等领域烟气NO_x的处理。减少NO_x生成量的根本在于降低火焰燃烧峰值温度和燃烧区氧含量,早期开发的低氮燃烧技术不要求对燃烧系统做大的改动,只是对燃烧装置的运行方式或部分运行方式进行调整或改进,因此简单易行,可方便地用于现存装置改造,但NO_x的降低幅度十分有限。

3.3.1.1 助燃空气预热技术

助燃空气预热技术是一种常用的控制NO_x排放的方法,是指在锅炉燃烧过程中,用燃烧烟气对一部分进入炉膛的助燃空气进行预热,缩短混合燃烧时间,提高燃烧温度和增强燃烧强度的一种技术。预热的空气通常由风机吸入,经过空气预热器等设备升温后再注入炉膛。这种技术可以促进燃料的充分燃烧,使得锅炉内部得到更高的燃烧温度,且随着预热温度的提高,辐射管表面温度分布的不均匀性逐渐降低,提高燃烧效率和燃烧质量,从而减少NO_x的生成。

3.3.1.2 分级燃烧技术

热力型NO_x的生成很大程度上取决于燃烧温度,燃烧温度在当量比为1的情况下达到最高,在贫燃或者富燃的情况下进行燃烧,燃烧温度会下降很多。运用该原理开发出了分级燃烧技术,包括空气分级燃烧和燃料分级燃烧。

1.空气分级燃烧

空气分级燃烧技术最早于20世纪50年代在美国开发,至今已经有较长的历史,它是目前应用较为广泛、技术上较为成熟的低氮氧化物燃烧技术。该技术将空气分为两个或多个级别进行燃烧,通过控制一次空气的数量和二次空气的位置及时间来降低燃烧区域的温度和氧浓度,从而抑制NO_x的生成。

具体来说,在燃烧开始阶段,只加部分空气(占燃烧空气总量的70%~75%),减少煤粉燃烧区域的空气量(即一次风量小于理论空气量),相应地提高了燃烧区域的煤粉浓度,造成一级燃烧区内的缺氧富燃料状态,从而降低了燃烧区内的燃烧速度和温度,燃烧生成CO,而且燃料中氮将分解成大量的HN、HCN、CN、NH_3和NH_2等,它们相互复合生成氮气或将已经存在的NO_x还原分解,在还原气氛中降低了燃料型氮氧化物的生成速率，抑制了 NO_x 在这一燃烧区中的生成量。二级空气通过“火上风”喷口喷射到一次富燃料区的下游，与一级燃烧产生的烟气混合，使燃料进入空气过剩区域燃尽，在此区间，虽然空气量多，但由于降低了火焰温度和氧浓度，热力型氮氧化物的生成在这一区域受到限制，这样在贫燃条件下完成全部燃烧过程。

空气分级燃烧技术是一种简便有效的氮氧化物排放控制技术，采用空气分级配合废气循环形式的综合分级燃烧技术，NO_x 排放量可降低 30%~40%。空气分级燃烧系统在燃煤锅炉上的应用有较长的历史，通常增大燃尽风量可得到较大的 NO_x 脱除率。目前该技术与其他初级控制措施联合使用，已成为新建锅炉整体设计的一部分，在适度控制氮氧化物排放的要求下，往往作为现代工业燃烧技术中的重要组成部分之一。

2.燃料分级燃烧

燃料分级燃烧，又称燃料再燃技术，是指在炉膛（燃烧室）的特定区域内，设置一次燃料欠氧燃烧的氮氧化物还原区段，用燃料作为还原剂来还原燃烧产物中的 NO_x，以控制 NO_x 最终生成量的一种燃料再燃技术。利用这一原理，把炉膛高度自下而上依次分为一级燃烧区（主燃区）、二级燃烧区（再燃区）和三级燃烧区（燃尽区）。燃烧过程是：大部分燃料（80%~85%）从立火道底部进入一级燃烧区，在贫燃料（富氧）条件下燃烧并生成 NO，其余 15%~20%的燃料通过燃烧器的上部喷入二级燃烧区，在富燃料（贫氧）状态下形成很强的还原性气氛，使得在一级燃烧区生成的氮氧化物在二级燃烧区内被大量还原成氮分子（N_2），同时在二级燃烧区还抑制了新的 NO_x 生成。与空气分级燃烧相比，燃料分级燃烧需要在二级燃烧区上面布置“火上风”以形成三级燃烧区，以使二级燃烧区出口的未完全燃烧产物燃烧，达到最终完全燃烧的目的。使用再燃会给系统带来很大的灵活性，可有效控制 NO_x 的排放浓度，一般情况下，应用燃料分级燃烧技术可以达到 30%以上的脱除 NO_x 的效果，在采用低氮燃烧器抑制 NO_x 生成的基础上联合使用燃料分级燃烧可以进一步降低 NO_x 的排放量。

图 3.18 所示为典型的低氮燃烧器结构图，蓄热烧嘴由煤气结构单元和空气结构单元两部分组合而成。每个单元由壳体、冷端空腔、蓄热室、热端空腔和配套的特殊烧嘴砖等部分组成。烧嘴壳体由钢板制成外壳，用耐火浇注料和高隔热性材料做内衬。壳体内的空腔分为三部分，后端是进气腔，中间放置蜂窝状蓄热体，前端是出气腔并与烧嘴砖连接。烧嘴砖置于烧嘴的前端，安装在炉墙上。

3.3.1.3　烟气回流二次燃烧技术

烟气回流二次燃烧技术是一种常用的降低燃烧中 NO_x 排放量的方法。该技术将锅炉尾部 10%~30%的低温烟气（温度为 300~400 ℃）经过烟气再循环风机回抽，混入助燃空气中或直接送入炉膛或与一次风、二次风混合后送入炉内。这样可以降低

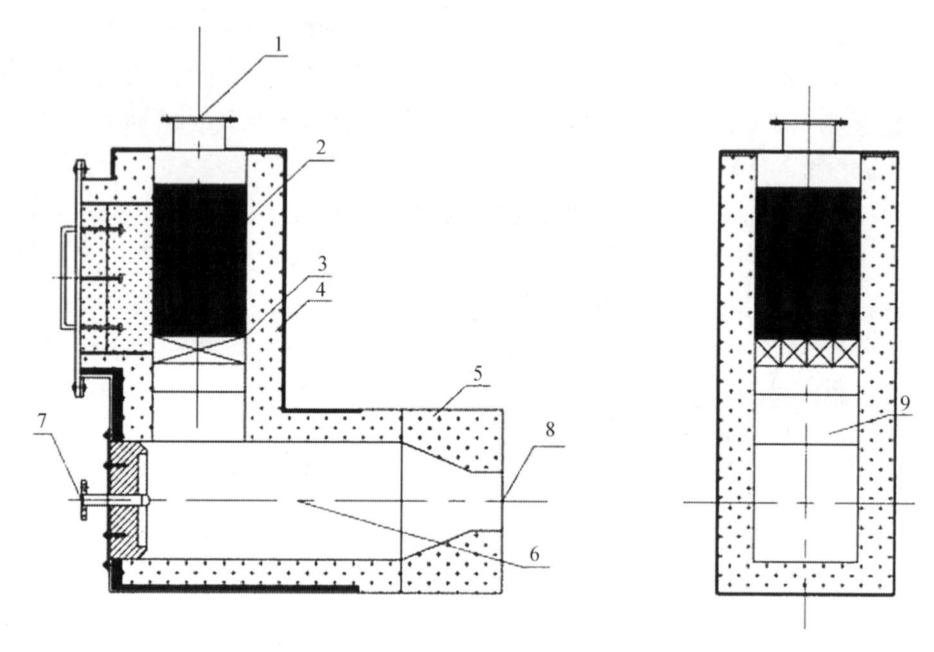

1—常温空气入口;2—蓄热体;3—挡火砖;4—耐火材料;5—烧嘴砖;6—混合燃烧室;
7—燃气入口;8—燃烧器喷口;9—预热空气入口

图 3.18　低氮燃烧器结构图

燃烧区域的温度和氧浓度,减少 NO_x 的生成量。同时,加入的烟气可以降低氧气的分压,减弱氧气与氮气生成热力型氮氧化物的过程,从而减少 NO_x 的生成量,并具有防止锅炉结渣的作用。但是,采用该技术会导致不完全燃烧热损失加大,并且炉内燃烧不稳定。因此,不能用于难燃烧的煤种,如无烟煤等。

P 型辐射管采用的就是烟气回流二次燃烧技术,如图 3.19 所示。

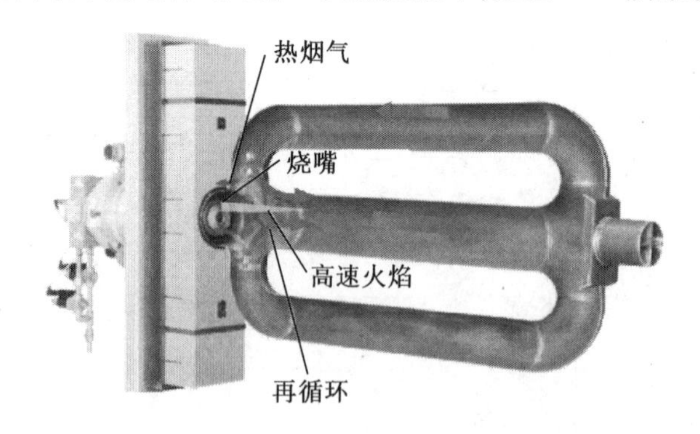

图 3.19　P 型辐射管燃烧系统

烟气回流二次燃烧技术作为降低 NO_x 排放的一种有效措施,需要综合考虑多种因素来提高其效果和稳定性。首先,锅炉结构的设计和优化对于实现烟气回流二次燃烧技术至关重要。例如,在改进锅炉后部结构和增加省煤器等方面采取了有效措施,可以提高烟气再循环的效率。其次,燃料特性也会影响烟气回流二次燃烧技术的应用效果。不同种类的燃料氮含量和灰分等参数不同,需要根据具体情况进行调整和优化。另外,控制燃烧条件也是必不可少的一步,例如合理调节燃料供给量、空气配比和燃烧温度等,可以提高烟气回流二次燃烧技术的脱氮效果。

为了保证烟气回流二次燃烧技术的稳定性和安全性,还需要采用先进的控制系统和监测技术。例如,利用先进的烟气分析仪和控制系统可以实时监测锅炉运行状态,根据监测结果进行在线优化,从而保证烟气回流二次燃烧技术的效果和稳定性。

最新的研究表明,该技术降低 NO_x 排放的效果与燃料种类、炉内燃烧温度及烟气再循环率有关,当烟气再循环率为 15%~20%时,煤粉炉的 NO_x 排放浓度可降低 25%左右。燃烧温度越高,烟气再循环率对 NO_x 脱除率的影响越大。但是,烟气再循环效率的增加是有限的,当采用更高的再循环率时,由于循环烟气量的增加燃烧会趋于不稳定,而且未完全燃烧热损失会增加,烟气回流二次燃烧措施一般都需要与其他的措施联合使用。

烟气回流二次燃烧技术主要减少热力型氮氧化物的生成量,适合热力型氮氧化物排放所占份额较大的液态排渣炉、燃油和燃气锅炉,对于燃料型氮氧化物和瞬时氮氧化物的减少效果有限。

3.3.1.4　无焰燃烧技术

无焰燃烧技术,也被称为环境调和型燃烧技术,是 90 年代以来在国际燃烧领域得到迅速开发并推广应用的一种节能环保的新型燃烧技术,旨在通过调整燃料与空气的比例和烧嘴结构等手段来减少燃烧过程中产生的氮氧化物,燃烧时看不到明显火焰面,燃烧温和,燃烧氮氧化物排放低。传统明火燃烧技术,化学反应集中在一个比较狭小的火焰面上,造成温度分布不均匀,火锋面温度高,导致了热力型氮氧化物的大量生成。无焰燃烧扩展了燃料的燃烧范围,燃烧过程稳定,火焰透明,无明显火炬轮廓,燃烧区域温度分布均匀,无局部高温或低温区,通过控制燃烧区域温度,可抑制 NO_x 的生成,热效率高,排放低,节约能源。

无焰燃烧技术主要有两种类型:内混合型和外混合型。内混合型技术将燃料和氧气预先混合,然后进入燃烧室进行燃烧。这种技术通常需要使用高速旋转的烧嘴或涡轮式烧嘴来实现混合。外混合型技术则将燃料和氧气分别喷入燃烧室,并在燃烧室内形成互相穿插的气流,从而实现混合。这种技术适用于较大的燃烧设备,如锅炉和发电机组。

无焰烧嘴又称全预混式烧嘴,实际助燃空气量大于或等于理论空气量,即空气消耗系数≥1,在工作时,无焰燃烧技术采用常温空气,通过旋流器将空气和燃气在燃烧前充分混合,高速旋流进入燃烧室内进行燃烧,如图 3.20 所示。设置具有蓄热和稳定火焰作用的护火筒。当燃料与空气高速旋流进入燃烧室,受到炉壁的辐射加热,并且高速旋流的反应物卷吸回流的大量燃烧产物,进一步加热了新鲜空气与燃料,同时使空气中的氧体积分数降低,无焰燃烧得以实现。燃烧火焰短而且燃烧充分,无明显火焰锋面。由于燃烧速度很快,火焰短而透明,无明显轮廓,所以叫无焰燃烧。

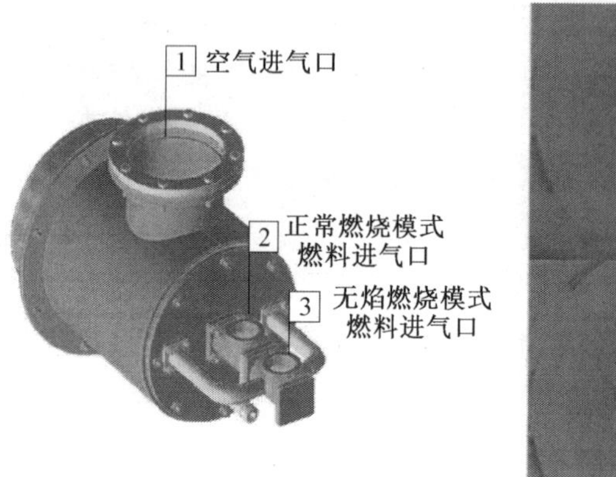

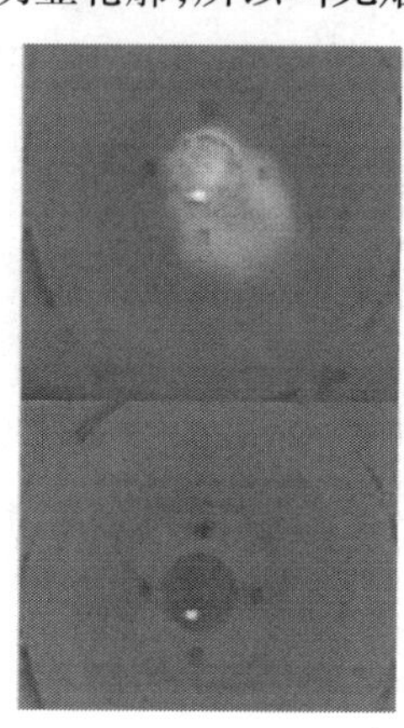

图 3.20　无焰烧嘴

3.3.2　选择性非催化还原技术

选择性非催化还原技术(SNCR)最初由美国 Exxon 公司发明并于 1974 年在日本投入工业应用。20 世纪 80 年代后期,欧盟国家的一些燃煤电站也开始使用 SNCR 技术。在美国,该技术首次应用于燃煤电站是在 20 世纪 90 年代初期。目前,国内的一些机组也已经采用了 SNCR 技术,成功建成并投入使用。

3.3.2.1　基本原理

选择性非催化还原是指无催化剂的作用下,在适合脱硝反应的“温度窗口”内喷入还原剂将烟气中的 NO_x 还原为无害的氮气和水。该技术一般采用炉内喷氨(NH_3)、尿素[$CO(NH_2)_2$]或氢氨酸作为还原剂还原 NO_x。还原剂只和烟气中的 NO_x 反应,一般不与氧反应,该技术不采用催化剂,所以这种方法被称为选择性非催化还原法。由于该工艺不用催化剂,因此必须在高温区加入还原剂。还原剂喷入炉膛温度为 850~1 100 ℃的区域,迅速热分解成 NH_3,与烟气中的氮氧化物反应生成氮气(N_2)和水。

采用 NH_3 作为还原剂,在温度为 900~1 100 ℃的范围内,还原氮氧化物的主要化学反应为

$$4NH_3+4NO+O_2 \longrightarrow 4N_2+6H_2O \tag{3.11}$$

$$4NH_3+2NO+2O_2 \longrightarrow 3N_2+6H_2O \tag{3.12}$$

$$8NH_3+6NO_2 \longrightarrow 7N_2+12H_2O \tag{3.13}$$

采用尿素作为还原剂还原氮氧化物的主要化学反应为

$$CO(NH_2)_2 \longrightarrow 2NH_2+CO \tag{3.14}$$

$$NH_2+NO \longrightarrow N_2+H_2O \tag{3.15}$$

$$CO+NO \longrightarrow N_2+CO_2 \tag{3.16}$$

3.3.2.2　工艺流程

纯氨作为反应剂的脱硝系统流程通常为：用氨罐槽车将液氨运送至工厂内，通过一个可以远程操作的卸载管线卸氨，卸载的液氨送到液氨储罐。氨罐和氨蒸发器构成一个循环回路，通过加热液氨使其蒸发后回到氨储罐，维持储罐上部氨蒸气的量。氨蒸气被从储罐顶部抽出，经过调压后送往锅炉脱硝。

喷射尿素的 SNCR 脱硝系统通常为：如果尿素为溶液，则储罐需要电加热，50%浓度的尿素溶液需要保持在 16 ℃以上，否则会发生尿素固态结晶的析出，这种情况需要设计一个循环回路，保证储罐内尿素和水的良好混合，防止出现断流情况。由于尿素系统中溶液浓度高于脱硝反应所需要浓度，因此在喷入分离器或炉膛之前应掺水稀释。如果尿素为固体，则需要一个尿素溶液制备系统，将固体尿素和除盐水在溶解罐内混合，以制备尿素溶液。为了保证尿素溶液供应的连续性，通常配备 2 个溶解罐，尿素在第一个罐内溶解后，注入第二个罐，第二个罐还可起到中间存储和缓冲作用，最后通过水泵抽出后送往锅炉烟道。除盐水的温度为 30~35 ℃时最适合尿素的溶解，一般尿素溶液的浓度为 85%。

喷射氨水的 SNCR 脱硝系统由氨水卸载、存储、计量、分配以及氨水泵等构成，系统流程如图 3.21 所示。

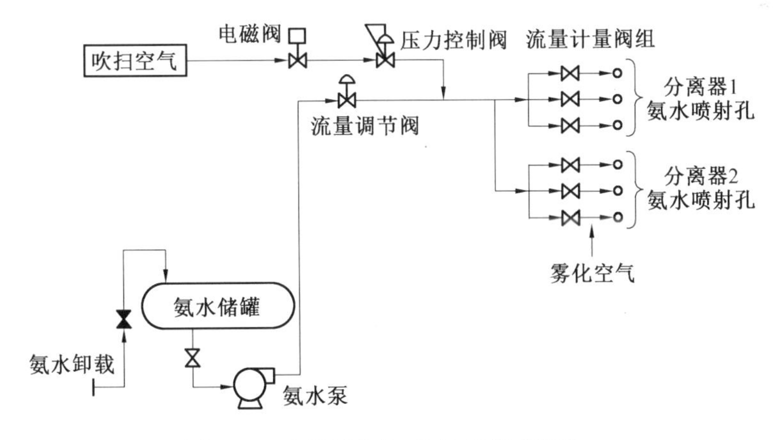

图 3.21　喷射氨水的 SNCR 系统流程图

3.3.2.3 影响因素

SNCR 工艺的 NO_x 的脱除效率主要取决于反应温度、在最佳温度区域的停留时间、还原剂和烟气的混合程度、还原剂与 NO_x 的化学计量比等因素。

1.反应温度

烟气 NO_x 的还原反应发生在特定的温度范围内。研究表明，SNCR 工艺的温度控制至关重要。若温度过低，反应速率慢，NH_3 的反应不完全，容易造成 NH_3 随烟气外排；而温度过高，NH_3 则容易被氧化为 NO，抵消了 NH_3 的脱除效果，降低了其利用率。温度过高或过低都会导致还原剂损失和 NO_x 脱除率下降。通常，设计合理的 SNCR 工艺能达到 30%~50%的脱除效率。

2.在最佳温度区域的停留时间

停留时间是指混合反应器中反应物停留的总时间，这个时间段内必须完成尿素与烟气充分混合、水蒸发、尿素分解和 NO_x 还原等步骤。增加停留时间可以使化学反应更充分地进行，从而提高 NO_x 脱除效率。在温度较低时，为了达到相同的 NO_x 脱除效率，需要增加停留时间。

在 SNCR 系统中，一般停留时间为 0.1~10 s。停留时间的长短取决于锅炉气路的尺寸和烟气流经锅炉气路的气速。若锅炉气路尺寸较大或烟气流速较慢，则所需的停留时间也会随之增加。

3.还原剂和烟气的混合程度

为了实现还原剂的有效使用，必须确保其与烟气均匀地分散和混合，以便还原反应正常进行。在 SNCR 技术中，尿素或氨等还原剂容易挥发并快速分散，混合程度取决于锅炉本身形状和气流通过锅炉的方式。对于大型锅炉而言，要实现还原剂的分散与烟气的充分混合是相对困难的。

为了解决这个问题，可以增加喷嘴数量、增加液滴的动量、增加喷入区域的数量以及优化设计喷嘴等，从而提高还原剂和烟气的混合程度，达到更好的脱硝效果。

4.还原剂与 NO_x 的化学计量比

还原剂的利用效率可通过喷入量与 NO_x 脱除效率计算得到。化学计量比是指脱除 1 mol NO_x 所需氨的摩尔数，但由于反应速率等因素影响，实际为达到 100%的脱除效率，需要比理论计量比更高的化学计量比。

由于氨会与系统中的 SO_3 反应生成硫酸铵，并在空气预热器上沉积，可能导致空气预热器的堵塞和腐蚀。因此，SNCR 工艺要求氨的逃逸量不超过 8 mg/m^3 或更低。当化学计量比低于 1.05 时，通常可以实现氨的利用率达到 95%以上。

3.3.2.4 应用现状及效果

SNCR 脱硝技术系统简单，运行中不需要昂贵的催化剂，其投资费用比选择性催化还原技术(SCR)低,脱硝整体效率不高,脱硝效率比 SCR 法低 40%~50%。适用于锅炉、水泥、冶金、化工等行业氮氧化物治理。

3.3.3　选择性催化还原技术

选择性催化还原技术是指在催化剂的作用下,利用还原剂(如 NH_3、氨水、尿素)与烟气中的 NO_x 反应并生成无毒无污染的 N_2 和 H_2O。SCR 工艺之所以称作选择性,是因为在催化剂的帮助下还原剂优先与烟气中的 NO_x 反应,而不是被烟气中的 O_2 氧化。烟气中 O_2 的存在能促进反应发生,是反应系统中不可缺少的部分。

SCR 首先由美国的 Engelhard 公司发现并于 1957 年申请专利,后来日本在该国环保政策的驱动下,成功研制出了现今被广泛应用的 V_2O_5/TiO_2 催化剂,并分别于 1977 年和 1979 年在燃油和燃煤锅炉上成功投入商业运用,目前已广泛应用于日本、欧洲和美国等国家和地区的燃煤电厂的烟气净化中。该技术既能单独使用,也能与其他 NO_x 控制技术(如低氮燃烧技术、SNCR 技术等)联合使用。SCR 技术脱硝率高,理论上可接近 100%的脱硝率。商业燃煤、燃气和燃油锅炉烟气 SCR 脱硝系统,设计脱硝率可大于 90%。

3.3.3.1　基本原理

工业上,燃煤、燃气 SCR 脱硝的还原剂主要是氨。在 SCR 脱硝过程中,液氨或氨水由蒸发器蒸发后喷入系统中,在催化剂的作用下,可以把 NO_x 还原为 N_2 和 H_2O,其主要的化学反应为

$$4NO+4NH_3+O_2 \longrightarrow 4N_2+6H_2O \tag{3.17}$$

$$6NO+4NH_3 \longrightarrow 5N_2+6H_2O \tag{3.18}$$

$$6NO_2+8NH_3 \longrightarrow 7N_2+12H_2O \tag{3.19}$$

$$2NO_2+4NH_3+O_2 \longrightarrow 3N_2+6H_2O \tag{3.20}$$

在没有催化剂的情况下,上述化学反应只在很窄的温度范围内(850~1 100 ℃)进行,采用催化剂后使反应活化能降低,可在较低温度(300~400 ℃)条件下进行。而选择性是指在催化剂的作用和氧气存在的条件下,NH_3 优先与 NO_x 发生还原反应,而不和烟气中的氧进行氧化反应。国内外 SCR 系统多采用高温催化剂,反应温度在 315~400 ℃。

SCR 反应原理图如图 3.22 所示,其反应过程大致如下:NH_3、NO_x 和 O_2 通过气相扩散到催化剂表面→NH_3 等吸附在催化剂表面上→反应物在催化剂表面反应,NO_x 与 NH_3 反应生成 N_2 和 H_2O→N_2 和 H_2O 从催化剂表面脱附,并进入到微孔内→脱附下来的 N_2 和 H_2O 通过微孔向外扩散。

3.3.3.2　工艺流程

根据 SCR 脱硝反应器的安装位置,SCR 系统可分为高尘区 SCR、低尘区 SCR 和

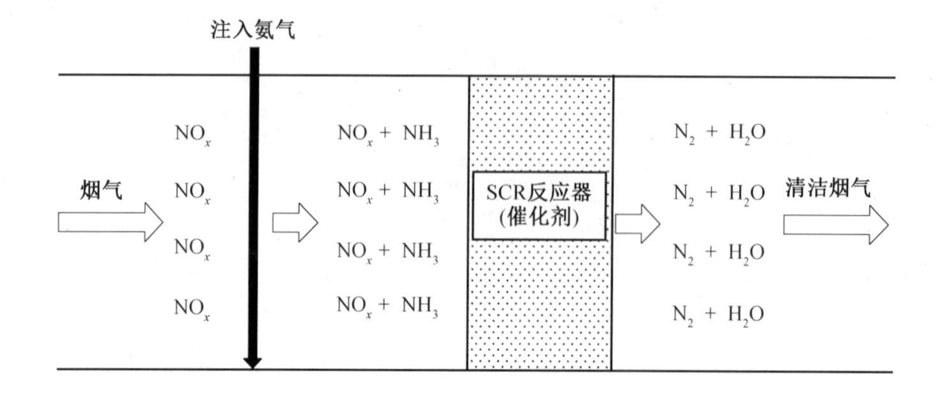

图 3.22　SCR 反应原理图

尾部 SCR 三种方式。

1.高尘区 SCR

高粉尘布置 SCR 系统，SCR 反应器布置在锅炉省煤器后、空气预热器之前，此时烟气温度在 300~400 ℃范围内，是大多数金属氧化物催化剂的最佳反应温度，烟气不需再加热，可获得较高的 NO_x净化效果，因此适合商业金属氧化物类催化剂活性的窗口温度，具有较好的经济性。但也存在较严重的问题，催化剂处于高尘烟气中，条件恶劣，其寿命会受到多因素影响：烟气中高浓度粉尘及 K、Na、Ca、Si、As 等会使催化剂污染或中毒；烟气粉尘磨损并使催化剂堵塞；若烟气温度过高会使催化剂烧结。此外，溢出的 NH_3也会影响后续装置的运行。

2.低尘区 SCR

低粉尘布置 SCR 系统，SCR 反应器布置在省煤器后的高温电除尘器之后、脱硫塔之前，该布置方式中，烟气经过除尘后虽然粉尘含量减少，但 SO_2浓度较高。SCR 催化剂受烟气中粉尘的污染、磨损和堵塞程度会降低，但是 SO_2的影响仍然较大；此外其一般只用于高温电除尘器之后（烟气温度为 300~400 ℃）。

3.尾部 SCR

尾部布置 SCR 系统，SCR 反应器布置在除尘器和湿法烟气脱硫装置之后；此法可有效避免诸如高尘区引起的烟气堵塞和催化剂污染中毒等问题，延长催化剂的使用寿命，节约成本，但同样也有明显问题，由于所采用烟气温度较低，仅为 50~60 ℃，一般需要在进入 SCR 反应塔之前添加巨大且昂贵的烟气再热系统（GGH），或采用加设燃油或燃气的燃烧器将烟温提高到催化剂的活性温度区间，这势必会增加能源消耗和运行费用，大大影响其运行经济性。

SCR 布置方式的选择主要受场地情况与所用催化剂的活性温度窗口影响。高尘区 SCR 布置方式是烟气脱硝技术的最佳选择，同时也是目前应用最成熟和最广泛的烟气脱硝工艺。

3.3.3.3 影响因素

选择性催化还原技术中，催化剂的选取是关键，对催化剂的要求是活性高、寿命长、经济性好和不产生二次污染。催化剂的类型、结构和表面积都对脱除氮氧化物效果有很大影响。此外，与SNCR系统类似，反应温度、停留时间、还原剂与烟气的混合程度、还原剂与NO_x的化学计量比、逸出的NH_3浓度等设计和运行因素均影响SCR系统脱除氮氧化物的效果。

1.催化剂

选择合适的催化剂是实现选择性催化还原技术的关键因素。这种技术主要在催化剂表面发生反应，而催化剂的外表面积和微孔特性则会显著影响反应活性。催化剂可以促进化学反应，但自身不会被消耗。对于不同的烟气温度，需要选用不同的催化剂来进行催化还原反应。以氨为还原剂来还原NO_x时，铜、铁、铬和锰等非贵金属都能够有效地发挥催化作用，但由于烟气中含有SO_2、粉尘和水雾等污染物，会对催化反应和催化剂造成不利影响。因此，在采用铜、铁等金属作为催化剂的SCR法时，必须先进行烟气除尘和脱硫处理。或者也可以选择那些不容易受到烟气污染和腐蚀等影响的催化剂，同时具有一定的活性并耐高温、耐磨等。

2.反应温度

烟气温度是影响氮氧化物脱除效率的一个重要因素，因为反应温度对于选择性催化还原脱硝效率具有显著的影响，并呈现出典型的火山型变化。NO_x的还原需要在一定的温度范围内进行，而在SCR系统中，由于使用了催化剂，所需反应温度比SNCR系统低得多。催化剂的反应活性和反应选择性共同决定着氮氧化物脱除效率。温度对反应速度的影响非常大，如果温度低于SCR系统所需温度，将会在催化剂上发生副反应，NH_3分子会与SO_3和H_2O反应，从而减少与NO_x反应的机会，导致生成物附着在催化剂表面，引起污染积灰并堵塞催化剂通道和微孔，从而降低催化剂活性。而当温度高于SCR系统所需要温度时，NH_3会被直接氧化成NO_x，导致实际脱硝效率下降，并浪费反应物NH_3。此外，如果长时间保持在过高的反应温度下，也会导致催化剂的烧结和失活。

SCR系统最佳操作温度取决于催化剂的组成和烟气的组成。以金属氧化物催化剂V_2O_5/TiO_2为例，其最佳操作温度为250~427 ℃，一般控制在350 ℃左右。

3.停留时间和空速

一般而言，反应物在反应器中停留时间越长，脱硝率越高。反应温度对所需停留时间有影响，当操作温度与最佳反应温度接近时，所需的停留时间降低。停留时间经常用空速来表示，空速是指单位时间内通过单位质量（或体积）催化剂的气体反应物的质量(或体积),空速越大,烟气在反应器内的停留时间越短,反应有可能不完全,NH_3的逃逸量就大;对一定流量的烟气,当增加催化剂的用量时,空速降低,停留时间越长,越有利于反应气体在催化剂微孔内的扩散、吸附,以及反应,从而提高脱硝效率。一般催化剂的脱硝效率变化趋势是随着空速的增加而降低,只有适宜的空速才能获得较高的脱硝效率。

4.NH_3/NO 摩尔比(化学计量比)

根据化学反应方程式,脱除 1 摩尔(mol)的 NO_x需要消耗 1mol 的 NH_3,反应气体的理论化学计量比为 1。如果 NH_3用量不足,则会导致 NO_x的脱除效率降低,但如果NH_3过量则可能会带来二次污染。一般情况下,喷入的 NH_3量会随着机组负荷的变化而调整。不同催化剂对应的最佳 NH_3比存在差异,但总体来说,NO_x的脱除效率随着 NH_3比的增大呈现先升高后降低的趋势。动力学研究表明,当 $NH_3<1$ 时,这种趋势尤为明显,此时 NO_x的脱除率与 NH_3的浓度成正比;而当化学计量比>1 时,NO_x的脱除率与 NH_3的浓度基本没有关系。

试验结果表明,当反应物化学计量比约为 1.0 时,可以达到 95%以上的 NO_x脱除率,并且能够使氨的逸出浓度维持在 5 mg/m^3以下。然而,随着催化剂活性的降低,氨的逸出量也在逐渐增加。为了减少$(NH_3)_2SO_4$对空气预热器和下游管道的腐蚀和堵塞,通常需要将氨的排放浓度控制在 2 mg/m^3以下,这时实际操作的化学计量比一般小于 1。

5.反应气体的组成

反应气体的组成也影响着 SCR 反应的效率。例如,SO_2和水汽等污染物会对 SCR 反应产生负面影响,SO_2可以与 NH_3反应生成亚硫酸铵等,从而堵塞催化剂孔道,降低催化剂的活性;水汽则可以将催化剂上的硝酸盐溶解,从而破坏催化剂结构。因此,需要经过除尘、脱硫等预处理,以减少污染物对 SCR 反应的影响。

6.氧气

SCR 一系列反应的发生都需要氧气的参与,它参与了 NO_x和 NH_3在催化剂表面的选择性催化还原作用。一定的氧气浓度可以促进 SCR 反应,但过高或过低的氧气浓度都会对 SCR 反应产生负面影响。

在 SCR 反应中,氧气不仅参与到催化剂表面的反应过程中,还是 NO_x和 NH_3的竞争物质之一,因为氧气也可以与 NH_3反应生成 N_2和 H_2O。当氧气浓度过高时,会抑制 NH_3的选择性催化还原,使得 SCR 反应效率降低。此外,过高的氧气浓度还会导致催化剂表面的 NO_x和 SO_2等氧化物的生成,从而影响 SCR 反应的效果。

当氧气浓度过低时,催化剂表面缺乏足够的氧气供应,会导致催化剂失活或氧化损伤。此外,缺乏氧气也会影响 SCR 反应的速率和效率,使得反应难以完成。因此,在实际应用中需要掌握适宜的氧气浓度以达到最佳的 SCR 反应效果。

3.3.3.4　应用现状及效果

SCR 技术对锅炉烟气 NO_x控制效果十分显著，技术较为成熟，已成为世界上应用最多、技术最成熟的一种烟气脱硝技术。该技术的优点是：由于使用了催化剂，故反应温度较低；净化率高，合理的布置及温度范围下，可达到 80%～90%的脱除率；工艺设备紧凑，运行可靠；还原后的氮气放空，无二次污染。但也存在一些明显的缺点：烟气成分复杂，某些污染物可使催化剂中毒；高分散度的粉尘微粒可覆盖催化剂的表面，使其活性下降；系统中存在一些未反应的 NH_3与烟气中的 SO_2作用，生成易腐蚀和堵塞设备的 $(NH_4)_2SO_4$和 NH_4HSO_4，同时还会降低氨的利用率；投资与运行费用较高。

以河北省某钢铁企业为例，该企业有 4 300 mm 及 3 500 mm 两条中厚板生产线，拥有四座大型加热炉，目前运行良好，各项指标均达到国内先进水平。其中 4 300 mm中厚板生产线 2019 年建成投产，配置两座步进式加热炉，设计年产 160 万 t 中厚板；3 500 mm 中板 2017 年建成投产，配置步进式加热炉、推钢式加热炉各一座，设计年产 60 万 t 中板。

但该企业 4 座加热炉目前存在以下问题。

①加热炉烟气中氮氧化物含量无法 100%达到环保超低排放标准。

②加热炉烟气经空气和煤气预热器后，排烟温度仍在 320 ℃左右，余热未充分利用，能源利用效率低。

为响应河北省《钢铁工业大气污染物超低排放标准》（DB 13/2169—2018）氮氧化物排放限值要求，针对以上问题，结合加热炉实际情况，借鉴同类加热炉脱硝和加热炉烟气余热回收情况，对其炉窑排放烟气进行烟气脱硝处理；同时对加热炉烟气进行进一步余热回收，充分利用能源，将产生蒸汽并入车间管网。

该项目的目标如下。

①加热炉烟气满足环保超低排放要求。

②加热炉蒸汽回收量小时平均达到 18.3 t。

③加热炉排烟温度由 320 ℃左右降低至 150 ℃。

1.设计方案

(1)设计参数（表 3.1）。

表 3.1　加热炉设计参数

序号	项目	3 500 mm 推钢炉	3 500 mm 步进炉	4 300 mm 步进炉
1	产量/$(t \cdot h^{-1})$	80	90	230
2	数量/台	1	1	2
3	烟气量/$(Nm^3 \cdot h^{-1})$	30 000	30 000	95 000

续表3.1

序号	项目	3 500 mm 推钢炉	3 500 mm 步进炉	4 300 mm 步进炉
4	排烟温度/℃	300~350	290~320	290~320
5	现烟气 NO_x浓度/(mg·m^{-3})	≤260	~200	~200
6	脱硝后 NO_x浓度/(mg·m^{-3})	≤50	≤50	≤50
7	余热回收后烟温/℃	≤150	≤150	≤150
8	产生蒸汽压力/MPa	0.8	0.8	0.8
9	产汽量/t	1.7	1.7	6.3×2

(2)工艺流程。

由于 3 500 mm 及 4 300 mm 加热炉炉况良好,运行稳定,改造方案尽量避免对原系统的拆除。烟气经空、煤气换热器后,温度为 290~350 ℃,首先经过布置在烟道闸板之后的脱硝反应器,进行烟气脱硝,脱硝后烟气中 NO_x 含量≤50 mg/m^3;烟气经抽出后汇总进入余热回收系统,每台炉子单独设置一套余热回收装置,换热温度降至 150 ℃以下,经变频风机抽吸,回送至主烟道或烟囱。

(3)烟气脱硝技术设计原则。

①采用 SCR 脱硝工艺,喷枪布置在换热器前,反应器布置在汇总烟道中。

②4 台炉设置一套还原剂储备系统,布置在两车间中间。

③使用氨水作为脱硝还原剂。

④脱硝装置的控制系统采用 PLC 控制系统。

⑤NH_3逃逸量控制在 3 ppm 以下。

⑥脱硝装置可用率不小于 95%,服务寿命为 10 年。

(4)余热回收设计原则。

①对加热炉尾部排烟余热进行回收利用,降低排烟温度,设置余热锅炉及相应配套设备,产生蒸汽送往厂区综合管网。余热回收装置汽包及除氧器拟布置在厂房外。

②包括余热锅炉系统整体、翅片管锅炉、汽包、除氧器、水泵等设备的功能设计、结构、性能、安装和试验等方面的技术要求。

2.脱硝工艺

(1)主要 NO_x控制技术经济性比较。

通过对热力型、燃料型和快速型 NO_x生成机理和主要反应途径的研究,发展了多

种 NO_x 控制技术，并广泛应用于工业炉窑的烟气处理。已有的各种 NO_x 控制技术的技术经济性比较见表 3.2。

表 3.2　主要 NO_x 控制技术经济性比较

技术名称	SCR	SNCR	臭氧氧化法
还原剂	NH_3	NH_3	O_3
反应温度/℃	290～420，190～280	850～1 100	小于 200
反应器	需要	不需要	可不需要
催化剂	需要，且定期更换，价格贵	不需要	不需要
脱硝效率/%	70～95	20～40	80～95
还原剂喷射位置	多选择于空煤气预热器之后	炉膛或炉膛出口	不需要
SO_2/SO_3 转化率	有	无	无
NH_3 逃逸	3～5 ppm	10 ppm	无
对空气预热器的影响	NH_3 与 SO_3 易形成 NH_4HSO_4，造成堵塞或腐蚀	NH_3 与 SO_3 易形成 NH_4HSO_4，造成堵塞或腐蚀	没有影响
系统压损	1 000 Pa 左右，阻损与催化剂的安装量有关	无	无
燃料影响	高灰分会磨耗催化剂，碱金属氧化物会钝化催化剂	无	无
炉窑影响	受空煤气换热器出口烟气温度影响	受炉膛内烟气流动、温度分布以及还原剂与烟气混合均匀性影响较大，负面因素较多	无
占地面积	大	小	小
投资	高	低	中等
运行费用	中等	低	高

（2）工艺选择。

由于加热炉本身烟气中氮氧化物较低，虽然炉窑内部有适合 SNCR 主反应发生的温度场，但是加热炉负荷的变化、加热炉结构对还原剂与烟气混合均匀性的影响均会导致 SNCR 脱硝效率的不稳定，最终导致单独采用 SNCR 工艺难以达到氮氧化物稳定在 150 mg/m^3 的水平。同时，脱硝后的烟气温度仍然维持在 300 ℃以上，考虑到在脱除氮氧化物的基础上进一步利用加热炉烟气的余热资源，就必须增设引风机强制排烟，在强制排烟的条件下，SCR 脱硝催化剂的压力损失已不再是制约因素，并可将氮氧化物稳定控制在 50 mg/m^{3}的水平，因此最终选择 SCR 脱硝工艺。

(3)工艺简介。

根据已知条件，最节省工期，同时也是最经济的方案为：SCR 催化剂布置在加热炉烟道内合适位置，对烟道土建平台及结构进行相应修改，在催化剂后将烟气抽出，送至余热回收系统。烟气经过余热回收系统后温度降低，再通过引风机送到原有烟囱排放至大气。SCR 喷枪布置于空气换热器人孔处。

烟气流向：炉膛出口→还原剂喷入点 1$^{\#}$、2$^{\#}$→空气预热器→煤气预热器→催化剂→余热回收系统→引风机→烟囱

还原剂：氨水卸载装置→氨水罐→氨水计量装置→喷入点 1$^{\#}$、2$^{\#}$→催化剂层。

(4)工艺设计原则。

①脱硝系统能够安全可靠运行，观察、监视、维护简单，运行过程中能够确保人员和设备安全。

②具有足够的脱硝效率，保证氮氧化物不超过 50 mg/m^3。

③投资少、运行成本低，采用先进、成熟、可靠的技术，造价经济、合理，便于运行维护。

④还原剂来源可靠，储运方便，价格经济合理。

⑤脱硝装置应能快速启动投入，在负荷调整时有良好的适应性，在运行条件下能可靠和稳定地连续运行。脱硝系统能适应炉窑的启动、停机及负荷变动。

⑥脱硝装置的调试、启/停和运行应不影响主机的正常工作。

⑦脱硝装置检修时间间隔应与机组的要求一致，不应增加机组的维护和检修时间。

⑧在设计上要留有足够的通道，包括施工、检修需要的吊装及运输通道。

(5)还原剂选择。

SCR 通常采用的还原剂有尿素、氨水和液氨，不同还原剂的特点见表 3.3。

表 3.3　不同还原剂的特点

还原剂	特点
尿素	安全原料（化肥） 便于运输 溶解要消耗一定热量 设备复杂，占地面积较大，投资高

续表3.3

还原剂	特点
氨水	运输成本较大 需要较大的储罐 需要一定的安全措施 有统一的氨水供货商,便于采购
液氨	高危险性原料 运输和存储安全性低 安全要求极高

根据实际情况,采用 20%氨水作为脱硝剂。

(6)SCR 系统。

①还原剂储运系统。

a.储运系统配置如下:氨水槽车运输 20%氨水通过卸料模块送入氨水储罐,再经氨水输送模块输送至计量分配模块。

b.氨水储运系统包括:氨水卸载模块、氨水储罐、氨水计量输送模块。

c.氨水卸载模块:用于将槽车内的氨水卸载至氨水储罐。

d.氨水储罐:氨水储罐的容量应按满足脱硝装置 7~15 天的消耗量计,按 30 天考虑,设置 1 台氨水罐。氨水储罐按常温常压(防止氨水挥发泄漏到空气中)容器设计,工作压力不小于 0.15 MPa(设计压力 0.5 MPa),配有呼吸阀,呼出接管引入氨气吸收罐。罐体采用 304 不锈钢材质。

e.氨水计量输送模块:每台加热炉设置 2 台变频计量泵,1 用 1 备。

f.氨气吸收罐:吸收氨气,防止厂房内出现异味。

g.本系统拟设置在 4 300 mm 加热炉烟囱南侧。

②还原剂喷射系统。每台炉设置 2 支二流体喷枪,4 300 加热炉流量 30~45 L/h。3 500 加热炉流量 10~15 L/h。二流体喷枪使用压缩空气,压力≥0.4 MPa。

(7)SCR 脱硝工艺。

①SCR 脱硝反应系统。反应器布置在排烟管与余热锅炉之间合适位置,反应器系统应通过合理的布置设计,为脱硝反应提供良好的条件。主要包括:反应器本体结构、催化剂层。

②反应器本体结构。反应温度区间 280~420 ℃。反应器安装在排烟管道与余热锅炉之间合适位置,并装有催化剂床,布置 1~2 层催化剂。初步估算每台 4 300 mm加热炉设置一套催化剂,16 m^3。3 500 mm 推钢炉设置一套催化剂,6 m^3。3 500 mm步进炉设置一套催化剂,6 m^3。

③催化剂层。根据每个反应器的截面尺寸订制,入口设金属网。模块间隙做好密封工作。SCR 反应器出口烟气中的剩余氨含量不超过 3 ppm,压力降每层不超过 100 Pa,温度降整体不超过 10 ℃。

由于失效后的催化剂属于危险废弃物,当催化剂需要更换时(催化剂使用寿命一般为 3 年),废弃的催化剂应当通过催化剂供应商推荐的有资质的回收处理企业或单位进行处置。

氨需求量可按进入催化剂反应器的烟气中的 NO_x 的标态含量乘以 NH_3/NO_x 物质的量的比值来计算,也可用氨流量与需求量进行比较。比较后的差值用作(通过“P+I”控制器进行)计量泵流量的调节。

氨区废液排放至新建的储罐或废液井内,由车辆统一运送至指定处理场所。

3.余热回收工艺

(1)烟气流程。

根据工程整体工艺要求,从主烟道上接出旁路烟道,将余热回收装置安装在旁路烟道内,烟气从旁路烟道送入余热锅炉,在旁路烟道入口设余热回收装置烟气入口电动阀,来自加热炉的 300 ℃(最高温度 330 ℃,考虑了脱硝装置和管道沿程温降)的废热烟气经旁路烟气入口电动阀进入余热回收装置进行换热温度降至 150 ℃以下,经变频风机抽吸,回送至主烟道并进入烟囱。

余热回收装置正常工作时,烟气经入口电动阀后进入余热回收装置进行换热,经引风机抽吸排烟送至主烟道电动隔断阀后排放。余热回收装置停产检修时,打开主烟道隔断阀,关闭旁路余热回收装置入、出口电动阀,烟气经引风机、主烟道直接通过烟囱排放,确保余热回收改造不影响工艺生产。

系统配套两台风机,每台风机进口设有电动调节蝶阀,出口设置电动插板阀,当其中一个风机出现问题,关闭进出口阀门,同时打开另一路风机,确保余热回收装置长期稳定运行。

根据燃料条件,计算烟气露点为 97.75 ℃,因此排烟温度 150 ℃时不会引起余热锅炉低温受热面、引风机、烟囱以及烟道的低温腐蚀。而该系统是采用双压一体化除氧方式,换热管管壁温度在 133 ℃以上,可以有效避免烟气酸腐蚀,使用寿命在 3 年以上。

(2)汽、水流程。

为提高余热回收效率,余热回收装置采用双压形式,以实现能量的梯级利用,可外供出两种参数的饱和蒸汽,减小蒸汽与烟气的传热温差,提高产汽量。具体为:通过设置高温蒸发系统,回收烟气余热产生 0.8~1.27 MPa 的饱和蒸汽(汽包可承受压力 1.6 MPa),为进一步降低排烟温度,通过设置低温一体化除氧加热系统,回收低温段烟气余热用于除氧。

软化水注入软化水箱经除氧水泵进入到除氧器，被除氧过后的水经锅炉给水泵进入汽包，汽包和蒸发器本体的水经上升、下降管循环，吸收烟气热量产生 0.8～1.27 MPa 饱和蒸汽，用于用户并网。另从汽包引出一根管路供给除氧器，以保证除氧效果。

(3)辅助系统。

①排污系统。系统配置单独的排污系统，余热锅炉配有定排扩容 1 台，容积0.8 m^3。

余热锅炉汽包设有连续排污和定期排污口，其中汽包定排设置电动阀，蒸汽发生器、省煤器都设有定期排污口，可连续或定期清除余热锅炉内部残留污物及水垢，汽包、蒸发器定期排污管接至定期排污扩容器。

汽包设置事故放水，当汽包水位高于紧急水位时，打开电动事故放水阀。防止汽包满水。

②取样系统。系统设有锅炉给水、炉水取样各一台。

③加药、充氮系统。系统设有加药系统。系统在汽包上设置加药口与加药装置连接，根据锅炉水质监测情况，定期向汽包内加药(磷酸盐溶液)。加药装置设计为一罐两泵的形式。本设计在汽包上预留充氮口，供锅炉长期停运时对汽水系统进行充氮保护。

④放空系统。在水汽系统的最高点，设置放气点，当上水和启动时，排去锅炉内空气和不凝结气体，放气阀位置设于便于运行操作处。汽包放散管设置消音器。

⑤蒸汽放散。为保证系统安全，汽包均设有安全阀，供事故状态减压。

⑥放净系统。锅炉本体范围内的各设备、管道的最低点设置疏、放水点，确保疏、放水的畅通。

(4)脱硝自动控制系统。

脱硝自动控制系统由 PLC 系统和 HMI 系统组成，该工程共设置 1 套 PLC 系统，设置 1 台操作员站用于监控，1 台工程师站用于控制系统的维护。

控制系统使用西门子系列，配合分布式 I/O 系统组成。

PLC 系统主机架包括：电源模块、CPU 模块、通讯模块等。

分布式 I/O 模板的选择根据工艺要求及方便电缆敷设的原则，PLC 系统富余量预留 20%。

脱硝系统预留与加热炉、环保等控制系统的数据通信接口。

3.3.4　氧化吸收法脱硝技术

燃烧源烟气中的 NO_x 主要为不溶于水的 NO，通过利用臭氧等氧化剂的强氧化性将烟气中的 NO 氧化为 NO_2 等高价态氮氧化物，然后在吸收塔内利用脱硫剂同时将氮氧化物吸收转化为溶于水的物质，达到脱除的目的。常用的氧化剂主要为臭氧、次氯酸钠、双氧水等。

3.3.4.1 技术工艺

通过向 180 ℃以下的低温烟气喷入脱硝氧化剂（氧化剂如臭氧、$NaClO_2$、H_2O_2），将稳定的 NO 氧化为易被吸收的 NO_2、N_2O_3、N_2O_5等，通过碱液喷淋吸收，形成硝酸盐或亚硝酸盐，将烟气中的氮氧化物脱除。

以臭氧吸收脱硝为例，首先进入等离子净化器。在等离子烟气净化器内，采用电晕放电的形式，通过高压脉冲电晕放电，在常温下获得非平衡高低温等离子体，即产生大量高能电子（约 5eV）、极强氧化性能的羟基自由基以及氧化性极强的 O_3等高能活性粒子。羟基自由基对 NO 有氧化作用，为臭氧对 NO 的氧化提供了良好的反应条件。等离子净化器采用前后各布置一层放电电场、中间布置臭氧层的方式以提高臭氧的氧化效率，从而降低臭氧发生器的能耗。

图 3.23 所示为典型臭氧氧化吸收脱硝示意图，为脱硫脱硝一体化技术。储存在液氧罐中的液氧经汽化器汽化后，经调压阀组调节至臭氧发生器需要的压力，再由电磁阀门自动控制进入臭氧发生器。氧气注入臭氧发生器，在高频高压电场内，氧气转换成臭氧，经温度、压力监测后，控制调节阀，用射流喷嘴将臭氧均匀注入混合反应器。在混合反应器内，烟气中的氮氧化物与臭氧混合，在极短的时间内完成混合反应，将不溶于水的 NO 氧化为可被水吸收的 NO_2和 N_2O_3等高价态氮氧化物。

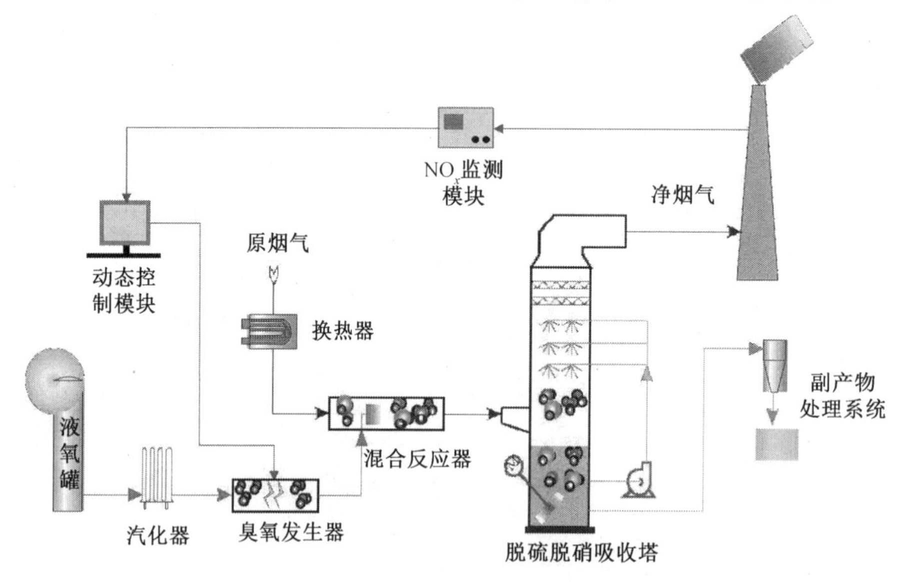

图 3.23 臭氧氧化脱硫脱硝一体化工艺系统

$$3NO+O_3 \longrightarrow 3NO_2 \tag{3.21}$$

$$NO+NO_2 \longrightarrow N_2O_3 \tag{3.22}$$

$$Mg(OH)_2+2NO_x \longrightarrow Mg(NO_2)_2+Mg(NO_3)_2+H_2O \tag{3.23}$$

臭氧发生器内设置联动控制系统，可根据排放烟气中 NO_x 的含量自动调节臭氧量，使得该系统可适应烟气温度波动和 NO_x 含量不稳定的工况。然后将氧化后的烟气引入催化激活后的双氧水，将烟气中残余的 NO 氧化为 NO_2。最后引入吸收塔内由吸收液喷淋吸收，同时完成脱硫脱硝。

3.3.4.2　应用领域及效果

氧化吸收法以其脱硝效率高、烟气不需要升温（低碳排放）、不产生氨逃逸、改造难度小、对烟气状态要求低、易于布置及控制等诸多优势，尤其适用于排烟温度低、无法采用 SNCR、SCR 烟气脱硝的锅炉、钢铁烧结等低温烟气氮氧化物治理。NO 的氧化效率可达 90%以上，一般脱硝效率可达 50%左右，因而可用于轧钢加热炉及其他热处理炉低温烟气污染物的深度治理。

目前还没有氧化吸收法处理轧钢热处理炉烟气污染物的报道，但从该技术工艺在锅炉、炉窑上的应用效果来看，该技术工艺可用于低温烟气的脱硫脱硝。氧化法脱硝的主要问题是副产物处理处置，因为氧化吸收法会生成大量高价态氮氧化物 NO_2、N_2O_3 和 N_2O_5，以及少量的 SO_3，这些处理过程产生的污染物对环境和人体健康都有一定的危害。因此，在使用氧化法脱硝技术的同时必须考虑后续的处理措施，避免造成二次污染。

第4章　深度治理技术方案与适用规范

4.1　范围

（1）轧钢热处理炉。

轧钢加热炉和轧钢热处理炉（其他热处理炉）。

（2）污染物。

热处理炉烟气（包括热轧加热炉和轧钢热处理炉）排放的颗粒物、SO_2、NO_x。

适用于独立轧钢、长流程钢铁及短流程钢铁行业轧钢工序的热轧加热炉，以及其他热处理炉烟气污染深度治理措施的新建、改建和扩建设施等。

4.2　规范性引用文件

（1）《轧钢工业大气污染物排放标准》（GB 28665—2012）修改单。

（2）《钢铁行业（钢延压加工）清洁生产评价指标体系》。

（3）《钢铁工业污染防治技术政策》。

（4）《钢铁行业轧钢工艺污染防治最佳可行技术指南（试行）》（HJ—BAT—006）。

（5）《排污许可证申请与核发技术规范　钢铁工业》（HJ 846—2017）。

（6）《钢铁行业超低排放改造实施方案》。

4.3　污染物深度治理措施

根据轧钢行业污染物治理可行技术，轧钢热处理炉窑应采用低硫燃料、蓄热式燃烧和低氮燃烧技术。优先采用污染源头减排技术，包括蓄热式燃烧技术、富氧燃烧技术、低氮氧化物燃烧技术和燃用低硫燃料等。

为达到浓度治理的效果，进一步实现污染物排放控制，所采取的治理措施，具体见表4.1。

表 4.1　轧钢热处理炉污染物深度治理措施

序号	污染物	深度治理措施
1	颗粒物	燃用净化后煤气 静电除尘器(三电场以上) 袋式除尘器 电袋复合除尘器 湿式电除尘
2	SO_2	燃用天然气、净化后煤气 石灰石/石灰-石膏法脱硫 氨法脱硫 氧化镁法脱硫 双碱法脱硫 循环流化床法脱硫 旋转喷雾法脱硫 活性炭/活性焦法脱硫
3	NO_x	低氮燃烧 SNCR 脱硝 SCR 脱硝 氧化吸收脱硝

4.4　深度治理技术路线

《钢铁行业轧钢工艺污染防治最佳可行技术指南(试行)》和《排污许可证申请与核发技术规范　钢铁工业》列出轧钢热处理炉污染防治可行技术，提出轧钢加热炉、热处理炉(含退火炉、淬火炉、回火炉、正火炉和常化炉等)污染减排技术是在钢坯加热及热处理过程中，为节省燃料和减少污染物排放采用的一类技术，包括高效烟气脱硫脱硝技术、氧化脱硫脱硝一体化技术、低氮氧化物燃烧技术和燃用低硫燃料等。

4.4.1　清洁燃料与低氮燃烧技术

4.4.1.1　煤气水解-吸附精脱硫

1.技术工艺背景

钢铁行业是工业体系中碳排放第一大户，面临着巨大的降碳减污压力。高炉工序的碳排放占比 60%~70%，是碳减排的关键，碳捕集工艺对高炉煤气含硫组分十分敏感,需前置煤气脱硫装置。《关于推进实施钢铁行业超低排放的意见》(环大气〔2019〕35号)明确提出:“加强源头控制,高炉煤气应实施精脱硫。”针对煤气成分复杂、催化剂寿命短的问题,通过设计组合催化剂方案显著提高催化剂抗氧性和稳定性,通过优化反应器结构大大降低占地面积、保障流场均匀性,集成适用于高炉煤气的水解-吸附耦合脱硫新技术。

2.技术工艺概述

高炉煤气中的硫主要以COS的形式存在,在脱硫过程中,需要将COS水解转化为H_2S,再将H_2S进行脱除。高炉煤气经过重力除尘、袋式除尘两级除尘设施后,通常颗粒物浓度降至5 mg/m^3以下。除尘后的煤气经过COS水解塔,塔内布置有预处理剂,主要作用是将煤气中的颗粒物和HCl进一步脱除,再经过水解催化剂,将煤气中的COS转化为H_2S,此时煤气中既有COS转化而成的H_2S,也有煤气中原有的H_2S。水解后高炉煤气经过高炉煤气余压透平发电装置(TRT)余压发电单元,将煤气的压力转化为电能,此时高炉煤气温度降至35~40 ℃,压力降至15~30 kPa。降温降压后的高炉煤气进入脱硫塔,在脱硫塔内,高炉煤气中的H_2S被氧化铁脱硫剂吸附,净化后的煤气进入煤气柜。工艺路线具有脱硫效率高、压力损失小、占地面积小、运行稳定性好的显著优势。图4.1所示为高炉煤气的水解-吸附耦合脱硫技术的工艺流程图。

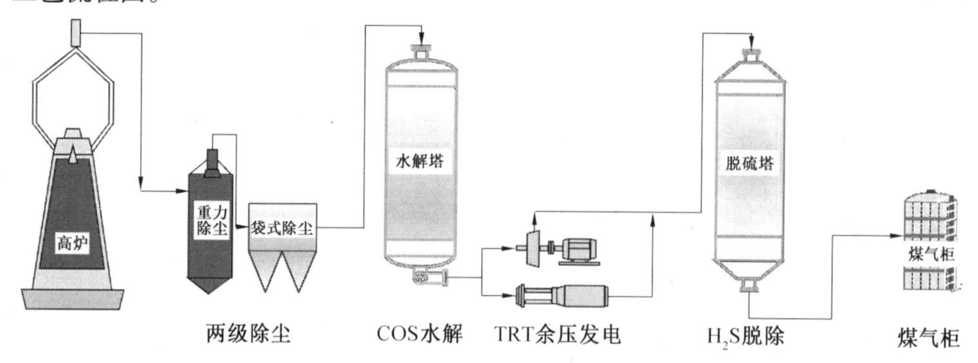

图4.1 高炉煤气水解-吸附耦合脱硫工艺流程图

3.主要技术参数

高炉煤气脱硫系统包括两部分:布置在高炉TRT之前的水解段和布置在高炉TRT之后的干法吸附段。通过将水解段布置在高炉TRT的前部,利用高炉煤气的顶压为水解反应创造高压、高温的反应条件,加速水解反应。一般水解反应压力约为250 kPa、温度为100~150 ℃。由于高炉煤气中含有颗粒物和氯化物,会减少水解催化剂寿命,因此,通常需要在水解段前设置预处理塔,去除高炉煤气中的氯和粉尘。干法吸附段布置在TRT之后的目的是利用高炉煤气合适的压力、温度窗口,保证干法吸附的高效进行。通常干法吸附压力为15~30 kPa、温度为40~70 ℃。

水解塔包含预处理层和水解层，它是一个多层的固定床反应器，具有返混小，流体同催化剂可进行有效接触，催化剂机械损耗小和结构简单的优点。其重要技术参数的空速和截面气速。根据高炉煤气的特征以及预处理剂、水解催化剂的性质特点，选择空速为 1 000 h^{-1}（预处理剂）和 500 h^{-1}（水解催化剂），截面气速为 0.3 m/s。除了反应器的参数外，预处理剂和水解催化剂的性质也是重要的技术参数。预处理剂和 COS 水解催化剂均为复合类金属氧化物催化剂。预处理剂的堆密度为 0.5～0.8 g/ml，考虑到催化剂的堆积情况，其机械强度应>35 N/cm，空隙率的范围为 0.3～0.7，除氯、除尘效率应>95%，其适用温度为 30～200 ℃。水解催化剂的堆密度为 0.5～0.7 g/ml，考虑到催化剂的堆积情况，其机械强度应>40 N/cm，空隙率的范围为 0.4～0.7，COS 水解转化率应>90%，其适用温度为 30～200 ℃。

脱硫塔是单腔型固定床反应器，内部装填脱硫剂。其重要技术参数是空速和截面气速。根据高炉煤气的特征以及脱硫剂的性质特点，选择空速为 200 h^{-1}，截面气速为 0.2 m/s。除了反应器的参数外，脱硫剂的性质也是重要的技术参数。脱硫剂为复合类金属氧化物催化剂。预处理剂的堆密度为 0.7～0.9 g/ml，考虑到催化剂的堆积情况，其机械强度应>30 N/cm，空隙率的范围为 0.5～0.7，脱硫剂的硫容>12%，其适用温度为室温到 100 ℃。

4.主要应用案例及应用效果

（1）项目及企业概况。

随着钢厂节能减排和循环经济的大力发展，以及国家环保政策的不断加强，唐山市发布《关于开展钢铁企业工程减排深度治理工作的通知》（唐气领办〔2021〕11 号）要求“高炉煤气配备脱硫设施，确保高炉煤气总硫浓度≤50 mg/Nm^3”，明确硫化物的治理方向。高炉煤气水解-吸附耦合脱硫工业化试验装置位于河钢唐钢某 3# 高炉，其规模为 2 920 m^3，煤气量为 54 万 Nm^3/h，工业化试验装置主要针对的是高炉煤气中的 COS、H_2S 等含硫物质的净化。

（2）技术路线方案。

高炉煤气脱硫系统包括水解塔和干法吸附塔两部分，分别布置在高炉 TRT 之前和之后。水解塔分为预处理段和反应段。水解段前设置预处理段，以去除高炉煤气中的颗粒物、氯及氯化物成分，防止氯及其化合物成分和颗粒物的存在降低水解催化剂寿命。为利用高炉煤气合适的温度窗口，保证干法吸附反应，将干法吸附段布置在 TRT 之后。H_2S 与脱硫剂中的氧化铁等活性金属氧化物作用生成稳定硫化物，当原料气中含氧时，硫化物可与氧反应生成单质硫沉积在脱硫剂微孔中，从而达到脱硫防腐蚀的目的。高炉煤气水解-吸附耦合脱硫系统示意图如图 4.2 所示。

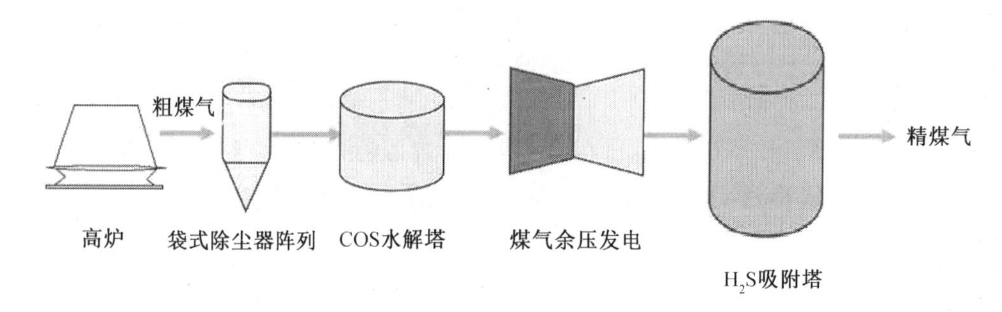

图 4.2　高炉煤气水解-吸附耦合脱硫系统示意图

(3)项目实施内容。

在现有袋式除尘器装置后面设置水解塔,水解塔分为预处理段和反应段。煤气进入水解后进行反应,反应后的煤气进入 TRT/减压阀组前的煤气管道。新增预处理及水解段系统整体阻力约为 5 kPa。该系统在袋式除尘器和 TRT/减压阀组间设有旁路管道及阀组,用于极特殊工况条件下将预处理及水解段所有处理设施进行短路隔离,保证高炉系统正常运行。为保证预处理及水解段在系统初运行时能够有效运行,该系统设有塔体预热设施。于高炉热风炉废烟气排放烟囱入口管路中取部分烟气,经增压风机送至水解塔入口进入塔体,将塔体预热到工作温度后关闭取气阀门及增压风机。

经过水解反应的高炉煤气进入 TRT 余压发电装置后,将高炉煤气引至干法脱硫塔内,将煤气中 H_2S 吸附后的净煤气重新引回至煤气主管网。新增干法吸附脱硫段系统整体阻力约为 2 kPa。该系统在 TRT/减压阀组与煤气主管网间设有旁路管道及阀组,用于极特殊工况条件下将干法吸附脱硫段所有处理设施进行短路隔离,保证高炉系统正常运行。为保证干法脱硫的高效运行,在进入干法脱硫塔入口前的高炉煤气管道中设有煤气补氧设施,补氧气源取自厂区压空管道,压空补入量为20 Nm^3/min。

(4)项目应用效果。

采用高炉煤气水解-吸附耦合脱硫技术,高炉煤气 COS 水解效率>90%,H_2S 脱除效率>90%,高炉煤气出口总硫浓度<30 mg/m^3。以 54 万 Nm^3/h 的高炉煤气量为例,可减排 COS 约 1 000 t/年,减排 H_2S 约 400 t/年。从源头减少了高炉热风炉、轧钢加热炉等分散位点的 SO_2 排放。从成本考虑,高炉煤气脱硫的源头治理方式占地面积小,便于管理,且成本低,具有很好的经济效益。同时,技术的发展为推动我国钢铁行业环保升级和绿色发展提供了技术保障,为污染物高效减排、改善生态环境做出了重要贡献。

5.技术适用性

高炉煤气的水解-吸附耦合脱硫新技术是专门针对高炉煤气特性而研发的深度

净化技术。高炉煤气深度净化技术包括对 COS 和 H_2S 的脱除，由于 COS 的性质稳定，难以与 H_2S 实现协同脱除，因此需要分步脱硫技术；高炉煤气含有 HCN、HCl、粉尘等多种杂质，严重制约了催化剂的活性和寿命，因此适用于高炉煤气长效脱硫关键材料的研发至关重要；受限于高炉区场地的布局，高通量高压煤气深度净化多级分区组合成套化反应器可以减少占地面积。高炉煤气的水解-吸附耦合脱硫新技术具有脱硫效率高、压力损失小、运行稳定性好的显著优势。同时，实施高炉煤气精脱硫进行源头治理，可保障下游用户 SO_2 超低排放，避免了建设分散的末端治理设施，对推进钢铁行业全流程超低排放改造具有重要意义。

4.4.1.2　高炉煤气干法精脱硫技术

1.技术工艺背景

高炉煤气是高炉炼铁过程中副产的可燃性气体，是一种重要的二次能源，高炉煤气主要作为热风炉、轧钢加热炉、烧结和锅炉等的燃料。高炉煤气具有气量大、使用点较为分散的特点，且含有硫、氯等有害物质，燃烧后的烟气具有排量大、硫化物浓度高（约 200 mg/m^3）和排放点多的性质。

当前，业内炼铁脱硫技术路线主要从源头控制和末端治理。末端治理需多点设置脱硫设施，设备设施规模变大，且煤气燃烧后废气量大；源头控制则通过实施高炉煤气精脱硫，减少燃气中的硫分，可大大降低末端治理的压力，甚至省掉末端治理设施。与“多单元脱硫”技术相比，“源头脱硫”工艺是先将高炉煤气中的硫深度脱除，得到的干净煤气再分别供给热风炉、轧钢和发电厂等不同使用终端使用。“源头脱硫”工艺具有显著的技术先进性，解决了“多单元脱硫”存在的主要问题，对我国钢铁企业的可持续发展具有重要意义。高炉煤气用户及末端治理点位布置如图 4.3 所示。

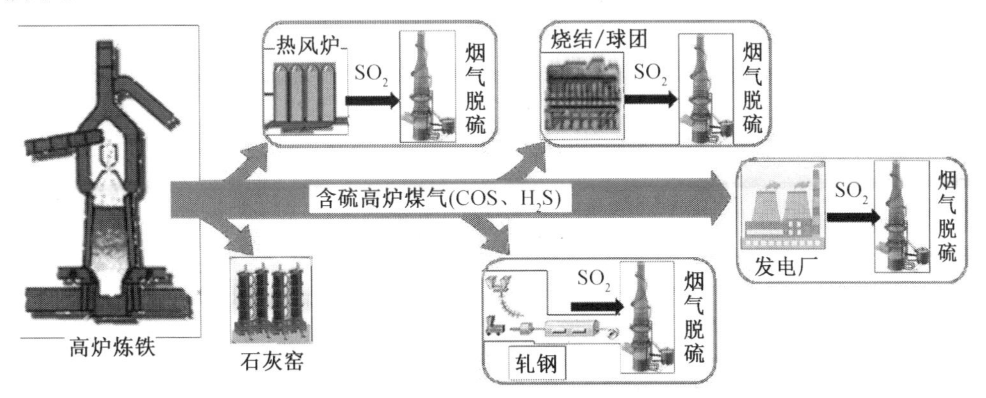

图 4.3　高炉煤气用户及末端治理点位布置

2019 年 4 月生态环境部、国家发展和改革委员会、工业和信息化部、财政部、交通运输部联合印发《关于推进实施钢铁行业超低排放的意见》，2022 年 12 月 2 日，生态环境部发布《关于印发钢铁/焦化、现代煤化工、石化、火电四个行业建设项目环境影响评价文件审批原则的通知》（环办环评〔2022〕31 号），提出“新建高炉、焦炉实施煤气精脱硫”，钢铁行业正式进入“超低排放”时代。高炉煤气精脱硫技术助推钢铁行业绿色高质量发展，助力“碳达峰”“碳中和”。

2.技术工艺概述

高炉煤气干法选择性吸附脱硫技术采用具有纳米级孔径的特殊材料，实现对高炉煤气中的含硫物质的特异性吸附，从而脱除煤气中的硫化物。技术流程包括预处理、硫转化、吸附、再生。工艺流程分为以下四个步骤，流程示意图如图 4.4 所示。

①从 TRT 出来的高炉煤气进入预处理模块，除去煤气中的气态水、氯离子以及粉尘等杂质。

②煤气进入转化塔，将有机硫转化成无机硫。

③煤气进入吸附塔，煤气中的硫被吸附剂吸附。

④吸附饱和的材料通过升温，将吸附的含硫物质解吸，吸附材料实现再生。

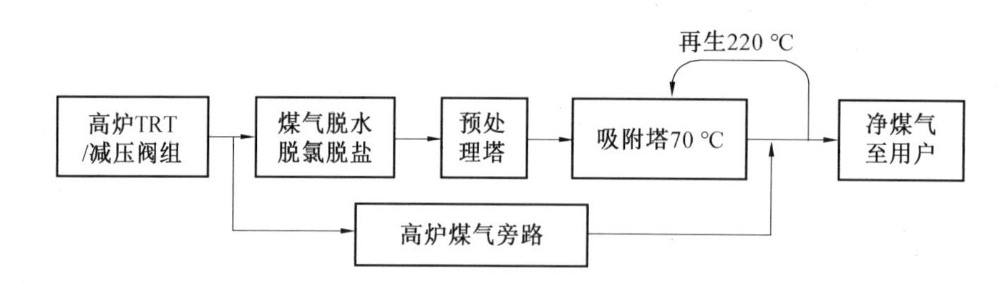

图 4.4　典型高炉煤气干法精脱硫流程示意图

高炉煤气干法选择性吸附脱硫技术特点如下。

①采用新型高效抗水、抗氧有机硫水解催化剂，通过利用新型可循环再生使用的纳米级无机硫吸附剂及其再生方法，解决硫化氢吸附剂频繁更换带来的固废处理及换料操作安全问题。

②采用煤气冷凝脱水脱氯除尘一体化的煤气预处理净化工艺，实现了高效脱除氯化氢及氯盐，催化剂的使用寿命显著提高，突破了现有高炉煤气脱硫催化剂使用寿命短的技术瓶颈，并对降低煤气管网与设备腐蚀、提高煤气热值有极大帮助。

③采用低压降、径流式的高效节能新型反应器，实现催化剂和吸附剂在最佳反应温区高效稳定运行，显著降低塔器流体阻力，突破了现有脱硫反应器阻力高的技术瓶颈。

3.主要技术参数

主要技术指标如下。

①成套装备的煤气处理量10万~100万 Nm^3/h。

②成套装备前后压力损失：≤5 kPa。

③脱硫后煤气总硫含量<15 mg/Nm^3，煤气燃烧后烟气 SO_2 含量<20 mg/Nm^3。

④脱氯效率≥99%（大幅削弱煤气管网的腐蚀问题）。

⑤催化剂和吸附剂可循环再生，使用寿命≥3年。

⑥降低煤气含湿量70%，提高煤气热值10%。

高炉煤气是炼铁环节产生的副产煤气，气量与高炉的产铁量有关，一般生产1 t铁水可产生1 600 m^3 高炉煤气。常规的1 880 m^3 高炉可产生40万 m^3/h 的高炉煤气。该技术方案中高炉煤气精脱硫装备处理能力可满足现有的所有型号高炉生产的高炉煤气。

由于高炉煤气通过TRT或BPRT余热余压发电后，煤气压力仅有10~20 kPa，压力较低。高炉煤气精脱硫装备布置在余压透平之后，会进一步降低煤气压力，为了满足煤气用户的使用要求，需要尽量减少煤气精脱硫环节的煤气压力损失。采用低阻力大型径向反应塔，可以实现高炉煤气精脱硫系统的总阻力小于5 kPa，保证了精脱硫后煤气用户对高炉煤气压力的需求。从源头脱硫煤气中的硫化物，使高炉煤气变成洁净燃料。采用煤气精脱硫技术后，煤气总硫含量<15 mg/Nm^3，煤气燃烧后烟气 SO_2 含量<20 mg/Nm^3。

配套前端预处理工艺，通过脱除煤气中的气态水，可协同脱除煤气中含有的氯离子和粉尘，减少了氯离子在液态环境中对管道腐蚀的可能，大大延长了管道和设备的使用寿命，对钢铁企业的安全生产和运行稳定性起到了显著作用。同时，煤气脱湿可以增加单位煤气中可燃成分的含量，提高煤气热值。煤气热值的提升，可以提高煤气的燃烧温度，对于煤气稳燃、减少排烟损失、减少炼铁过程中的焦比都有极大的帮助。

采用可循环再生的吸附剂，通过在线高温气体反吹再生技术，实现吸附材料长时间使用的能力。该技术减少了精脱硫技术的填料更换时间，减少对工艺生产的影响。同时，可再生型吸附剂可大大削减工艺运行的耗材使用，节约运行成本，为企业降本增效。

4.主要应用案例及应用效果

（1）高炉煤气干法精脱硫技术在某钢铁集团股份有限公司的应用。

①项目及企业概况。某钢铁集团股份有限公司始建于1986年10月。经多年来的持续发展，已成为集钢铁、非钢、金融三大板块为一体的多元化大型企业集团。公司为提升钢铁行业污染治理水平，响应国家超低排放目标，根据《关于推进实施钢铁

行业超低排放的意见》(环大气〔2019〕35号)相关要求,对高炉煤气进行脱硫处理,处理后的高炉煤气作为轧钢加热炉燃料时,烟气排放的SO_2不经烟气脱硫即可达到超低排放标准。目前,该钢铁集团股份有限公司为环保绩效A级企业。

②项目技术方案。工程项目采用干法高炉煤气精脱硫技术。高炉煤气经重力除尘、袋式除尘系统,进入BPRT或TRT和调压阀组,之后进入高炉煤气精脱硫系统进行脱硫处理。待处理煤气先进入煤气冷却脱湿系统,通过煤气冷却装置,将煤气冷却至30 ℃以下,煤气中饱和水冷凝析出,煤气中所含的细颗粒粉尘、油类、HCl等被黏结一并脱出,可使煤气含尘量降低至5 mg/m^3以下。冷凝后的煤气进入复温装置,利用厂区低压饱和蒸汽加热煤气至70 ℃以上,达到预处理剂反应温度,有机硫转化为无机硫。预处理后的煤气进入吸附塔,通过脱硫剂吸附煤气中的硫元素,脱硫后的煤气达到超低排放标准。吸附塔达到一定饱和程度后,从吸附塔后端净煤气管网抽取一部分净煤气作为再生解吸气,经过蒸汽加热器将解吸气加热到200 ℃左右,对吸附饱和的吸附塔进行吹扫再生,塔内的硫化物等杂质被解吸气带走,送往烧结作为燃料气,利用其本身的脱硫能力将硫脱除。煤气精脱硫工艺流程如图4.5所示。

③项目实施内容。项目于2021年10月底投产、50万Nm^3/h项目于2021年11月投产。该工程分别设置2套煤气精脱硫装置:分别是:一扎、二扎和250生产线高炉煤气源头合建1套25万Nm^3/h的高炉煤气精脱硫装置,占地2 000 m^3,以及型钢公司和钢板桩公司高炉煤气源头合建1套50万Nm^3/h的高炉煤气精脱硫装置,占地3 500 m^3。25万Nm^3/h高炉煤气精脱硫装置共设5座吸附塔,每座可独立运行。正常运行时,有4座处于吸附状态,1座处于解吸状态。50万Nm^3/h高炉煤气精脱硫装置共设7座吸附塔,每座可独立运行。正常运行时,有6座处于吸附状态,1座处于解吸状态。可实现不停产情况下在线更换。工程具体实施方案主要包括两部分内容:一是脱硫区建设,包括预处理塔及吸附塔,脱硫区平台搭建,煤气管道、脱湿复温设备及解吸设备安装;二是制冷站区建设,包括泵房、冷却塔搭建,溴化锂设备、水泵、水管及杂项管道安装等。

④项目应用效果。该工程采用纳米分子材料脱硫剂对高炉煤气进行净化处理,脱除高炉煤气中含有的硫化物(H_2S和有机硫)等杂质成分,使处理后的煤气中总硫含量≤20 mg/m^3,从而保证煤气燃烧使用后烟气SO_2排放达到最新的环保要求,同时降低煤气对设备、管道的腐蚀,实现良好的经济效益和环保效益。

利用该技术对煤气进行脱硫,减少了末端处理的成本,相较末端治理运行成本减少了15%~20%;该技术具有的脱湿功能,脱除了煤气中绝大部分的氯离子,能显著延长厂区煤气管网使用寿命,根据使用情况管网使用寿命将延长6~8年;脱湿后的煤气热值增加,同时降低了煤气流量。

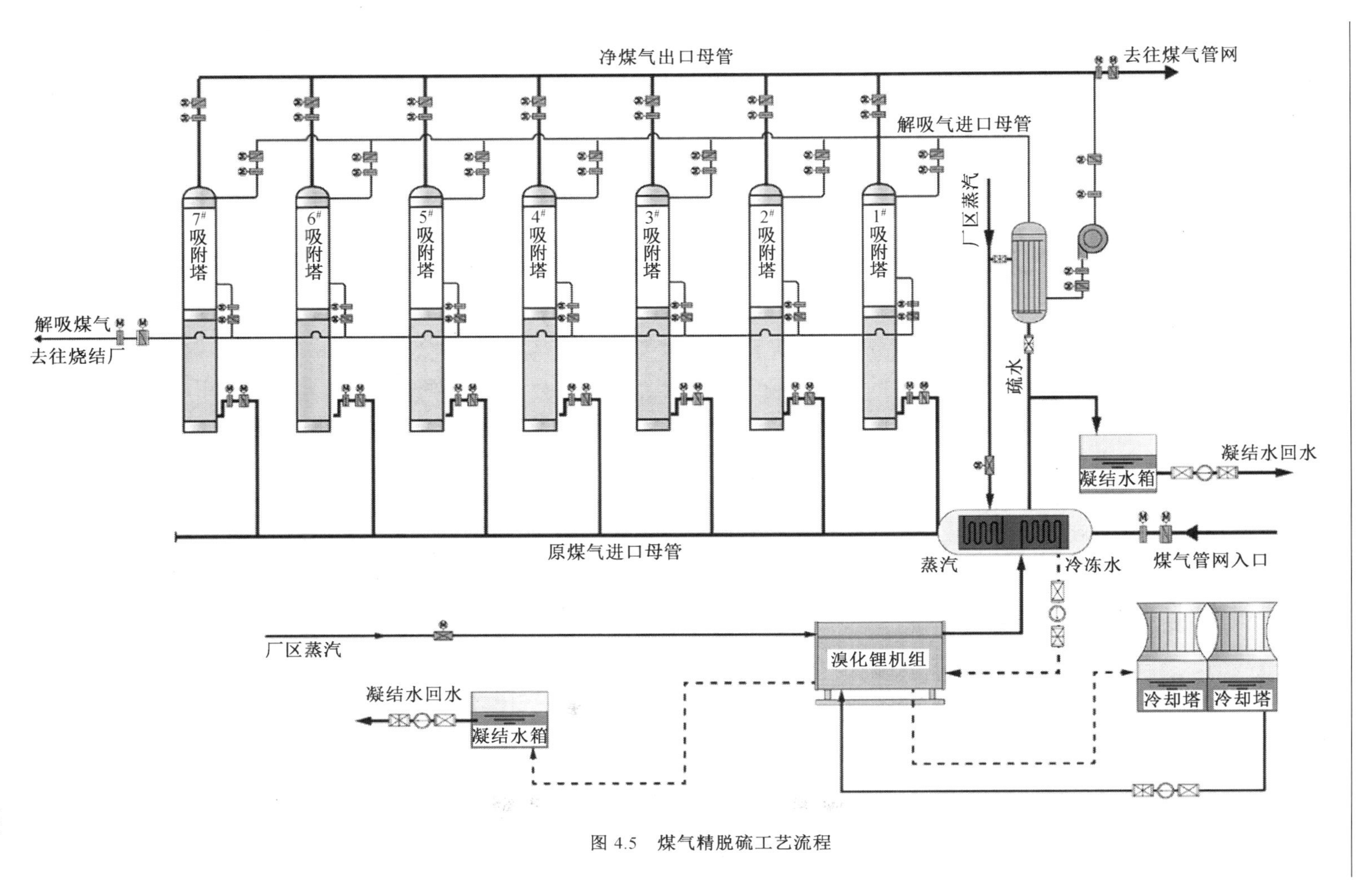

图 4.5　煤气精脱硫工艺流程

(2)高炉煤气干法精脱硫技术在某特钢集团有限公司的应用。

①项目及企业概况。钢铁行业是工业转型升级和大气污染治理的主要行业。某特钢集团有限公司积极响应政策要求,提高环保投入,对高炉煤气进行源头控制,采取高炉煤气精脱硫工艺,减少末端治理设备,节省末端治理成本。

②项目技术方案。某特钢集团有限公司采用高炉煤气精脱硫工艺,煤气脱硫系统布置在 TRT 和减压阀组之后,分别从 6#、8#TRT 出口引接煤气进入高炉煤气精脱硫系统,处理后的煤气供 6#、7#、8#高炉热风炉使用,煤气首先进入煤气脱湿除氯系统,去除煤气中的氯离子、铵盐及细颗粒粉尘等杂质,去除杂质的煤气通过低压蒸汽加热器进行加热至温度为 65~90 ℃,复温后的煤气进入水解塔进行催化水解,将煤气中的绝大部分有机硫(COS、CS_2)转化为无机硫(H_2S),经水解后的煤气进入纳米分子脱硫塔进行催化脱硫,净化后的煤气通过出口总管送往后端高炉热风炉使用。脱附的脏煤气送至煤气发电厂燃烧后依靠现有脱硫设备处理。

③项目实施内容。项目脱硫系统布置紧凑、合理、占地面积小,充分利用场地现有面积,满足整体布置和安全要求,项目实施后,有显著的社会、经济和环境效益,确保企业可持续发展,精脱硫系统设计处理煤气量 46 万 m^3/h,最大处理量 50 万 m^3/h,脱硫塔 5 用 1 备设计单塔最大处理量 10 万 m^3/h。水解塔和脱硫塔上下布置,极大地节省了设备的占地面积,每套脱硫塔单独配备一套除湿脱氯系统及蒸汽加热系统,单套脱硫单元可灵活切换,方便现场的检修与脱附。脱湿除氯系统配套的制冷站采用溴化锂制冷,配套两台溴化锂主机以及一套 2×1 300 t/h 的冷却塔,脱硫区域占地约 3 460 m^2,配套的制冷站及冷却塔占地面积约 1 640 m^2,总占地面积约为 5 100 m^2。

④项目应用效果。依据成熟、可靠、先进、实用、安全、环保的设计原则,确保生产技术经济指标处于同级别高炉煤气脱硫设施先进水平,脱硫系统工作时不影响炼铁生产的正常运行,在设计条件下确保热风炉烟气中 SO_2小于 35 mg/m^3,达到河北省超低排放要求标准。同时,煤气精脱硫系统也提高了高炉热风炉的运行稳定性及燃烧温度,在高炉煤气用量高峰期时,能为热风炉提供足量的高炉净煤气,优先保证热风炉的正常运行,促进高炉的稳定运行,整体改善了高炉设备的运行稳定性。

(3)高炉煤气干法精脱硫技术在某钢铁集团有限公司的应用。

①项目及企业概况。该绿色精品钢项目总投资约 1 000 亿元,规划钢铁产能 2 000 万 t,项目一期规划约 800 万 t。该企业致力于打造绿色生态新钢城,不断精细工艺,优化指标,以高起点定位、高水平规划、高标准建设千亿级高端绿色临港钢铁产业园。公司所有高炉已配备高炉煤气精脱硫装置,成为全省中大型高炉中首家配置的单位,实现了均压煤气的全回收,减少了对空排放。高炉热风炉所用的燃料主要是高炉煤气,而高炉煤气中含有大量的有机硫和无机硫,燃烧后无法达到上述要求。该企业为响应国家超低排放环保政策,针对 1#、2#高炉建设 2 套高炉煤气干法精脱硫设施。

②项目技术方案。高炉煤气先降温脱湿,脱除了大部分粉尘、油类、HCl 等杂质

成分，再送往脱硫塔进行干法吸附脱除。

吸附塔达到一定饱和程度后，从吸附塔后端净煤气管网抽取一部分净煤气作为再生解吸气，对吸附饱和的吸附塔进行吹扫再生。一定程度饱和的吸附塔经过解吸气再生，解吸气将吸附塔内的 H_2S 等杂质带走，通过管网送往高炉煤气制硫磺回收区域。

该项目每套高精脱硫系统设置6座煤气脱硫塔，每座可独立运行。正常运行时，6座煤气脱硫塔有5座处于吸附状态，有1座处于解吸状态。

③项目实施内容。该高炉煤气精脱硫项目采用EPC形式，含所有脱硫设施（包括脱湿系统、脱硫系统、钢结构及土建基础等）及与之配套的从初步设计开始到质保期结束所涉及的所有工作。

实施范围从高炉煤气TRT后总管上接口，待处理的煤气先进入煤气预处理系统，然后进入脱硫塔依靠脱硫剂进行脱硫，净化后的高炉煤气送入煤气管网至各用气点。

工艺设备含煤气冷却脱湿系统、脱硫系统以及高炉煤气制硫磺回收系统。该项目以“成熟、可靠、先进、实用、安全、环保”为原则，采用国内先进煤气脱硫的技术与设备，确保生产技术经济指标处于同级别高炉煤气脱硫设施先进水平。保证净化后的高炉煤气总硫含量不超过34 mg/m^3。

④项目应用效果。该高炉煤气经过脱湿净化、精脱硫后，达到了如下成效：总硫超低排放达标，节能增效，延长了后端设备寿命，降低了运维成本，脱除水汽后增加了煤气热值，脱硫过程无固废，解决末端一些脱硫副产物处置难题。

根据调研，高炉煤气精脱硫一次性投资较大，高炉煤气末端基本都需要投资脱硫装置，末端用户合计总体投资特别大；高炉煤气精脱硫运行费用远低于末端脱硫（含热风炉脱硫）运维总费用；结合精脱硫带来的经济效益，精脱硫投资3年左右就可回收，而脱硫设备的设计使用寿命远不止3年。

源头精脱硫实现了集中治理和管理，综合运维成本低、综合效益高。

5.技术适用性

该技术针对高炉煤气及其他工业副产煤气的源头硫化物脱硫，实现尾气排放环保达标要求。

该技术的原理是煤气中的各种硫化物转化成无机硫，再通过选择性吸附的吸附材料吸附煤气中的无机硫，实现煤气脱硫目的。该技术除了在钢铁行业适用，同样适用于其他工业生产活动中产生含硫煤气的领域。该项技术对于硫化物浓度低于1 000 mg/m^3，煤气处理量大、煤气流量波动大等情况均可适用。

4.4.1.3 低氮燃烧工艺

1.技术工艺背景

近年来，随着工业技术的发展，工业生产对社会各个方面产生了极大的影响，工业领域对燃料需求逐渐加大。85%的能源由化石燃料组成，且石油、煤矿等燃料燃烧排出大量污染气体是导致全球变暖的重要原因。工业炉窑与工业锅炉主要为钢铁、印染、制药、化工、炼油等行业生产提供动能。然而，在利用炉窑促进各个行业蓬勃发展的同时，燃烧所排出的尾气对环境的污染问题也应该重视。炉窑、锅炉与工业锅炉燃烧产生大量有毒气体和有害气体，如 CO_2、CO、SO_2、NO_x 等，排放经常超过排放标准限值。

相比煤和石油，天然气是三大石化能源中最为清洁的，因此天然气逐渐转变为工业炉窑的主体能源，并且天然气燃烧器相比燃油、燃煤燃烧器的优势诸多，比如燃烧火焰稳定、燃烧热效率高、噪声小、有害气体及烟尘相对较少等。然而，燃烧生成的 NO_x 占人类活动产生 NO_x 的 90% 以上，其对引发光化学雾、酸雨、破坏臭氧层以及人类的健康产生极大的影响。因此，通过优化燃烧降低 NO_x 排放迫在眉睫。

目前，为了进一步减少 NO_x 的排放，改善空气的质量，国家以及地方相继出台了 NO_x 排放限值要求。部分省市新建燃气工业锅炉 NO_x 排放标准见表 4.2。

表 4.2　部分省市新建燃气工业锅炉 NO_x 排放标准

地域	参考标准	NO_x 排放指标 /($mg \cdot m^{-3}$)	发布年份
北京	DB 11/139	30	2015
广东	DB 44/765	150	2019
天津	DB 12/151	50	2020
上海	DB 31/387	50	2018
重庆	DB 50/658 及修改单	30	2016/2020
山东	DB 37/2374	核心区域 50	2018
陕西	DB 61/1226	50	2018
河南	DB 41/2089	30	2021
江苏	DB 32/4358	50	2022
河北	DB 13/5161	50	2020
山西	DB 14/1929	50	2019
杭州	DB 3301/T 0250	50	2018
成都	DB 51/2672	30	2020
重点地域	GB 13271	150	2014
其他区域	GB 13271	150	2014

2.技术工艺概述

(1)蓄热式燃烧技术介绍。

蓄热式高温空气燃烧技术(High Temperature Air Combustion, HTAC)，通过高效蓄热材料将助燃空气从室温预热至前所未有的 800 ℃ 以上高温，同时大幅度降低

NO_x排放量,使排烟温度控制在露点以上、150 ℃以下范围内,最大限度地回收烟气余热,使炉内燃烧温度更趋均匀。蓄热式煤气辐射管燃烧机工作原理示意图如图4.6所示。

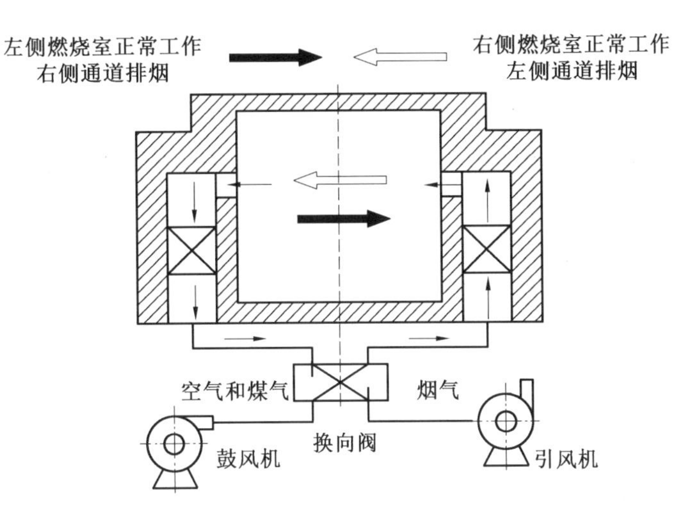

图4.6 蓄热式煤气辐射管燃烧机工作原理示意图

该技术特点如下。

①采用蓄热式烟气余热回收装置,交替切换空气与烟气,使之流经蓄热体,能够在最大程度上回收高温烟气的显热。

②可将燃烧用的空气预热到800~1 000 ℃的温度水平,形成与传统火焰迥然不同的新型火焰,创造出炉内优良的均匀温度分布。

③通过组织贫氧状态下的燃烧,不仅避免了通常情况下高温热力氮氧化物NO_x的大量生成,而且在此基础上进一步降低了NO_x的排放。

(2)分级燃烧技术。

分级燃烧通过空气/燃料分级供入燃烧装置,控制燃烧区的空燃比,即控制火焰温度,以抑制燃烧过程中NO_x的产生。

天然气管路通过二次供给将天然气分级逐次与助燃空气混合,降低集中燃烧区的温度,将燃烧温度控制在1 500 ℃以内,从而降低热力型NO_x的生成。

(3)烟气外循环技术。

将排烟风机出口的烟气强制掺入供风系统中,根据助燃空气管路氧气分析仪测得的数据实时调节鼓风机入口吸入新鲜空气的流量,将混合后的助燃空气供给烧嘴燃烧,在保证提供氧气量不变的情况下,不仅可以降低燃烧速度,还可以增加气体的通过量,使单位体积功率降低,进而达到降低燃烧温度的目的。助燃空气体积增加,通过单位截面积的流速将会相应增加,使通过高温区的气体单位时间降低,进而最终降低了NO_x的排放浓度。

(4)烟气内循环技术。

烧嘴内燃气燃烧形成强大气流在特定的喷口内形成低压区,吸入一部分炉膛内的高温烟气,燃气和不完全燃烧的火焰混合,有效降低烧嘴的最高燃烧温度和燃烧速度,此种结构最大限度地减少了烟气外循环带走的热量和烟气回流所带来的延迟。

燃烧系统是燃气工业炉的核心部分,是加热和热处理质量控制的关键;燃烧的化学反应过程,释放热量并产生烟气,燃烧的结果,决定了能源利用水平和污染物排放结果。所以优化燃烧系统,实现从源头减排,是非常具有研究意义的。

3.主要技术参数

天然气燃烧过程中,根据燃料的性质及燃烧条件的差异,产生的 NO_x 的来源可分为:热力型 NO_x、快速型 NO_x 和燃料型 NO_x。而 NO_x 生成量受理论燃烧温度和烟气停留时间的影响,因此从合理地组织燃烧及改善燃烧器结构的角度,可有效降低最高燃烧温度和 NO_x。

(1)热力型 NO_x。

热力型 NO_x 直接受燃烧温度影响,当温度低于 1 500 ℃时,NO_x 的生成没有太大的变化,当燃烧温度高于 1 500 ℃时,空气中的氮气和氧气燃烧生成 NO_x,热力型 NO_x 急剧增加。

(2)快速型 NO_x。

快速型 NO_x 主要生成在燃烧初期时火焰锋面内部,生成时间短,生成量也少,不超过总 NO_x 的 10%。

(3)燃料型 NO_x。

天然气中可能含有氮气及其他氮化合物,在高温燃烧过程中生成的这种 NO_x 成为燃料型 NO_x。

根据上述 NO_x 生成机理,采取相对应的降氮措施。目前,主流的降氮技术分别为:分级燃烧技术、浓淡燃烧技术、富氧燃烧技术、蓄热式燃烧技术、烟气再循环技术和尾气脱硝技术等。

以研究低氮燃烧技术为设计突破口,从源头上达到节能减排效果,减少尾气治理费用,并针对不同炉型和不同的工艺要求,选择适合的燃烧技术,搭配自控系统,实现精准控温,降氮节能。

4.主要应用案例及应用效果

(1)蓄热式燃烧技术在某科技股份有限公司一座步进炉上的应用。

①项目及企业概况。该企业是研发和生产相结合的先进金属材料及制品生产企业,中国机床工具工业协会和中国模具工业协会会员,石家庄市工业 50 强企业,并设有国家博士后科研工作站。

企业产品按材料类别分为刀具材料(粉末、喷射、传统)、模具材料、关键零部件材料三大类;按产品形态分为棒材、银亮材、异型材、线材、丝材、板材、带材、锻件等八个系列近千个规格,可根据顾客需要提供锻制、挤压、焊接类近终成型刀具或零部件毛坯，并被广泛应用于工具、模具、汽车、航空、船舶、军工、冶金、汽轮机等行业，销往国内多个省、自治区、直辖市，并远销欧美、东南亚等国家和地区。

该企业对连轧分厂步进加热炉实施了超低排放改造。

②项目技术方案。在确保步进加热炉加热能力的前提下，实施燃烧和控制系统改造，满足最高炉温1 250 ℃，炉温均热性≤±10 ℃的加热需求下，同时保证NO_x排放控制到150 mg/m³。技术参数见表4.3。

表4.3 设备主要技术参数

序号	名称	单位	用途或计量值
1	钢锭规格	mm	$W \cdot H$=120×120/140×140/170×170，L=2 000~3 000
2	加热钢种		高速钢、模具钢
3	料坯加热温度	℃	1 150
4	控温精度	℃	±5 ℃
5	烟气残氧量		3%~4%
6	生产能力	t/h	13
7	装炉方式		冷态装炉
8	加热炉有效尺寸	mm	19 260×3 200
9	燃料种类		天然气
10	燃料温度	℃	常温
11	燃料低发热值	kJ/Nm³	8 300×4.182
12	最大燃料消耗量	Nm³/h	520
13	最大空气消耗量	Nm³/h	5 200
14	空气预热温度	℃	低于炉膛100~150
15	烟气量	m³/h	5 720
16	烧嘴数量	个	12(6对)
17	烧嘴形式		低NO_x蓄热式高速烧嘴（自带点火枪）
18	单个烧嘴加热功率	kW	750
19	控温区数		4
20	排烟方式		强制排烟
21	排烟温度	℃	≤150
22	炉膛压力	Pa	微正压(0~30)
23	NO_x排放浓度	mg/m³	≤150(基准氧8%)

续表4.3

序号	名称		单位	用途或计量值
25	供热能力分配	预热段	kW	500
		加热一段	kW	1 500
		加热二段	kW	1 500
		均热段	kW	1 500

加热炉结构示意图如图 4.7 所示,步进加热炉超低排放改造主要包括燃烧系统和电气控制系统改造,分项描述如下。

a.燃烧系统改造。燃烧系统包括:天然气管路;低 NO_x 蓄热式烧嘴;换向阀;供风系统;排烟系统;蓄热式燃烧原理及 NO_x 降低的措施。

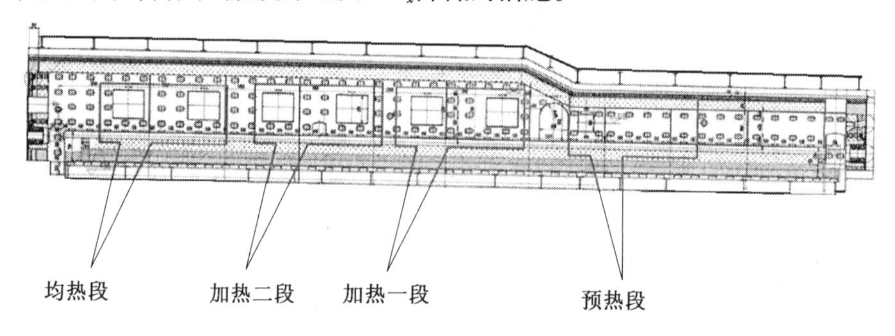

图 4.7 加热炉结构示意图

b.天然气管路。利旧内容:主管道、放散管道、吹扫管路,部分天然气支管及控制阀、调节阀。点火烧嘴及配套阀件。

改造内容:在原有基础上增加二级燃气管路,规格为 DN40,每路天然气支管道上均安装有电磁阀,双手动调节球阀(一套用于调节燃气流量,另一套只用于开关燃气)、差压孔板;电磁阀用于切断烧嘴天然气。差压孔板通过手持压力计读取流量,便于烧嘴空燃比调试。全炉总计 12 条天然气支管路。

③项目实施内容。

a.低 NO_x 蓄热式烧嘴。加热一段、加热二段和均热段采用低 NO_x 蓄热式高速烧嘴。蓄热式高速烧嘴是将进入到烧嘴的天然气和高压鼓风机提供氧含量在 17%左右的空气,在烧嘴喷口处充分混合并通过点火烧嘴点燃,燃烧形成的烟气瞬间膨胀通过烧嘴砖缩口高速喷出,火焰速度高达≥45 m/s,高速的火焰强烈地搅动炉气,来达到更好的炉温均匀性。蓄热式高速烧嘴的最大优点是:既解决了加热炉加热需要的高速气流,以保证炉温的均匀性;又有效降低了加热炉烟气的 NO_x 排放浓度、烟气温度,达到高效节能环保的目的。

该款蓄热式烧嘴的匹配的蓄热体为刚玉莫来石陶瓷蜂窝体。刚玉莫来石有较高的耐火度和良好的抗渣性、抗腐蚀和耐急冷急热性。空气温度能被预热升至低于炉内温度 80~100 ℃,若炉内温度达到 1 250 ℃,空气预热温度可到 1 150~1 170 ℃,排烟温度低于 150 ℃。这就可以大大降低加热炉的排烟热损失,提高加热炉的热效率。

全炉共布置 12 套(6 对)蓄热式烧嘴。安装位置同原有设备。每台烧嘴功率为 750 kW,烧嘴调节比为 1 : 5,蓄热式烧嘴总功率为 4 500 kW,与原有设备烧嘴数量、烧嘴功率、火焰形式相同,可保证最大生产能力和最高加热温度不变。

蓄热式烧嘴的工作。加热炉两侧蓄热式烧嘴成对工作,一侧烧嘴处于工作燃烧状态,另一侧烧嘴则处于排烟状态。蓄热式烧嘴的换向时间为 30~90 s 可调,烧嘴换向分为正常换向和强制换向,烧嘴正常工作时,按调试后设置的换向时间进行正常换向;当单台烧嘴排烟温度超过规定的排烟温度时,进行强制换向。

蓄热式点火烧嘴利旧。针对点火烧嘴使用多年存在烧损堵塞情况,需将原有点火烧嘴拆卸后进行清灰打磨后安装在新蓄热式低氮烧嘴上,恢复正常使用。如烧损严重将更换为新的点火烧嘴。按照 4 套点火烧嘴备货。

b.换向阀。对原有换向阀进行检查,对密封胶圈、二位五通阀、磁力开关等进行检修,确保每一个换向阀的开关密封效果。

c.供风系统。利旧内容:助燃风机、助燃风主管道、助燃风支管道、末端防爆阀、放散管路。

改造内容如下。

(a)在原有换向阀空气入口增加手动调节阀,规格为:DN200。

(b)鼓风机出口安装氧化锆,用于实时监测助燃空气中氧气的含量;风机新风入口加装电动调节阀,规格:DN450;根据氧化锆测得的氧气含量实时调节风机入口电动调节阀使助燃空气的氧气含量控制在 15%~18%。

d.排烟系统。利旧内容:辅助排烟管道、主排烟管道、支排烟管道、排烟风机。

改造内容如下。

(a)在原有换向阀烟气出口增加手动调节阀,规格为:DN200。

(b)在引风机出口管道(压力为正)加装 DN350 烟气回流管,烟气回流管与鼓风机入口(压力为负)相通。烟气回流管配备手动调节阀。

e.炉衬修复。将原有的烧嘴蓄热箱、喷口砖和喷口砖与炉墙之间的修补料拆除,安装新款低 NO_x 蓄热式烧嘴,此款烧嘴喷口砖尺寸与原有喷口砖尺寸相近。待新烧嘴安装就位后,在烧嘴砖四周(大约 100 mm)用专用烧嘴砖捣打料填满捣实。在不破坏原有炉墙结构的情况下对烧嘴四周进行修复。保证使用效果的情况下减少烘炉周期。

f.电气控制系统。加热炉自动控制系统由温度控制、燃烧控制、压力控制、故障报警和动力控制等组成。

④项目应用效果。项目改造完成,投入生产后,现场对烟气成分进行检测,实测氮氧化物浓度低于 150 mg/m^3,检测数据如图 4.8 所示。加热能力满足设计需求,设备运行良好。

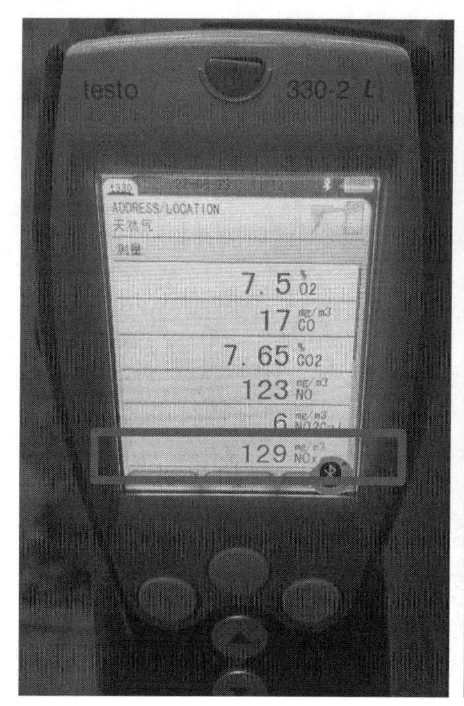

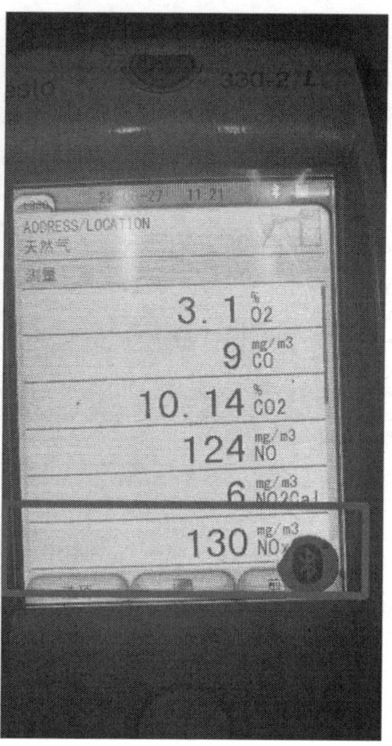

图 4.8　烟气检测数据

(2)蓄热式燃烧技术在天津某企业的应用。

①项目及企业概况。企业成立于 2001 年,主要生产热轧等边角钢、带钢、管材等产品,其中公司所生产的“皮特斯”牌角钢,于 2010 年被天津市工商局评为“天津市著名商标”,2013 年被评为“天津市名牌产品”。产品被广泛应用于华东电网、西南电网、西北电网改造,已和武汉、贵阳、成都、云南、广州、乌鲁木齐等 20 余家铁塔厂建立了长期的合作关系,产品销售遍及全国各地。

项目:拟新建 1 座推钢式加热炉,加热能力 160 t/h,燃烧系统采用天然气单蓄热式燃烧系统。

②项目技术方案。

a.工艺简述。推钢式加热炉采用端进、侧出料方式,上料端有推钢机、辊道、缓冲挡板和过渡台架;出料端有出料推钢机和出料炉门。

上料辊道送来的合格被加热钢坯在炉外上料辊道上定位后,炉尾液压推钢机按照工艺设定指令、推钢行程及生产节奏等,将钢坯从炉外装料辊道上沿着加热炉纵水管热滑道,将料坯推向炉子出料端方向。轧制线需要出钢时,首先打开出料炉门,出钢机把钢坯推至炉外出钢辊道。当钢坯出加热炉后,出钢炉门关闭。

加热炉炉尾推钢机、出钢悬臂辊道、出料炉门等设备之间设有电气安全联锁,以保证设备安全运行。

被加热钢坯在加热炉内经过加热一段、加热二段和均热段的过程中,钢坯经过预热、加热、均热过程，达到轧机工艺所规定的加热温度和温差要求后出炉，加热炉完成给轧制线提供合格的待轧热钢坯。

b.设计要求。

炉型：空气单蓄热连续推钢式加热炉。

钢种：碳素结构钢、优质碳素结构钢、低合金结构钢等。

料坯规格：150×150×12 000 mm（单排）。

150×（225～330）×6 000 mm（双排）。

料坯入炉温度：常温（冷坯）。

最高加热温度：1 200～1 250 ℃。

加热能力：160 t/h（额定、冷坯）。

燃料：天然气。

燃料低发热值：（8 000～8 300）×4.186 kJ/Nm^3。

介质预热方式：空气单蓄热式。

c.降氮技术。为保证料坯加热质量，得到预期的加热效果，拟采用低 NO_x 空气单蓄热直焰烧嘴。

该技术采用蓄热式燃烧技术，通过组织燃料和助燃风分级混合燃烧，并充分利用炉内卷吸的烟气流的稀释作用，降低火焰高温区的温度，使火焰更均匀，当炉温高于 900 ℃时，火焰呈无焰状。这种燃烧带来的好处如下。

（a）大大提高物料的加热效率。

（b）减少火焰局部高温对料坯造成的氧化烧损。

（c）料坯加热的均匀性大大提高。

（d）大幅降低 NO_x 排放量。

通过实际测量，无焰侧烧嘴在火焰长度方向上炉温热电偶的温差小于 30 ℃。NO_x 排放率≤150 mg/m^3。

③项目实施内容。

a.燃烧系统概述。蓄热式燃烧系统由蓄热式烧嘴、换向装置、天然气、空气和废气管路以及强制排烟装置等组成。

b.低 NO_x 蓄热式烧嘴。蓄热式直焰烧嘴蓄热体采用蜂窝式蓄热体，蓄热体为 7 排（含挡火砖）。蓄热体材质为刚玉莫来石。蓄热箱内的蓄热体要求采用蜂窝式蓄热体，具有良好的抗热振性、耐腐蚀性，蓄热体使用寿命≥3 年。

（a）蓄热式烧嘴的工作。热处理炉两侧蓄热式烧嘴同时工作，一侧处于燃烧状态，另一侧烧嘴则处于排烟状态。蓄热式烧嘴可进行换向，换向时间为 30～90 s 可调，换向分为正常换向和强制换向，烧嘴正常工作时，按调试后设置的换向时间进行正常换向；当单台烧嘴排烟温度超过规定的排烟温度时，进行强制换向。

（b）烧嘴分级燃烧。分级燃烧通过空气/燃气分级供入燃烧装置，通过控制燃烧区的空燃比来控制火焰温度，从而抑制燃烧过程中 NO_x 的产生。经过大量的试验证明一次烧嘴混合量(一次空气和一次燃气在烧嘴腔内预混燃烧)与二次烧嘴混合量(二次空气和二次燃气在炉膛内外混燃烧)的比例为20%∶80%的时候能有效地将NO_x控制在300 mg/m^{3}以内。

火焰速度高达120~160 m/s,能充分地搅动炉内的烟气,保证炉温均匀,火焰长度较短,减少烧嘴附近的集中辐射,低氮效果显著。

低氮烧嘴火焰状态如图4.9所示;烧嘴结构示意图如图4.10所示。

图4.9　低氮烧嘴火焰状态

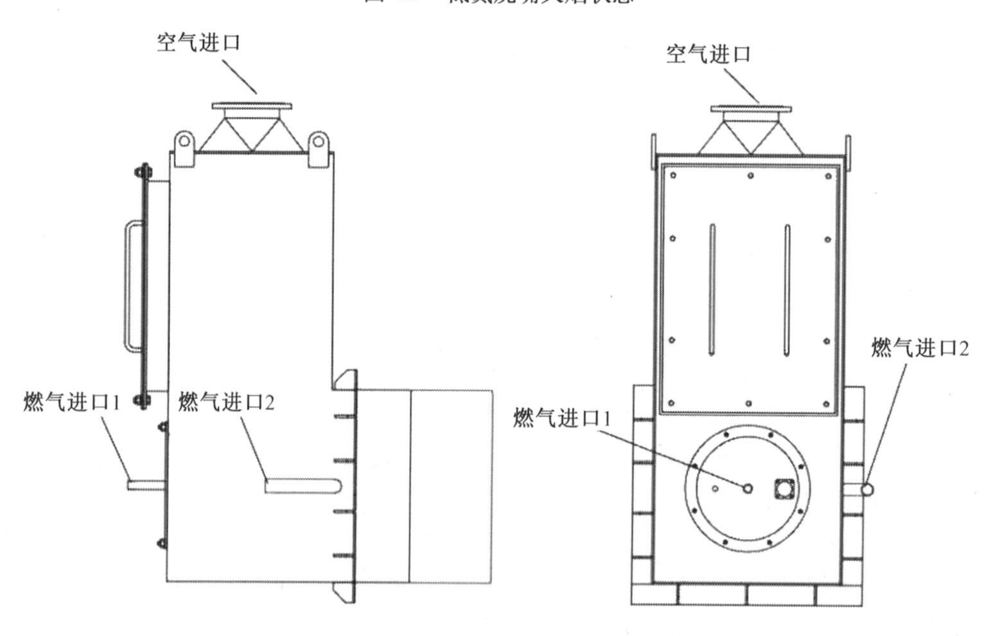

图4.10　烧嘴结构示意图

该方案采用空气单蓄热式烧嘴,全炉共74套。烧嘴结构紧凑,整体成型,便于蓄热体的检修与更换。能够最大限度地适应加热工艺和换向控制的要求。

c.三通换向阀。换向阀采用三通换向阀,使用次数保证 100 万次以上,每个三通阀能实现单独的控制,有多种工作方式可供选择,能很好地满足热处理炉工艺操作。

换向阀的密封方式采用硬密封方式,能很好地防止换向阀超温损坏的问题。排烟换向阀耐热温度≥400 ℃。

排烟和供风换向阀采用耐高温气缸直行程气动阀,设有限位指示和故障报警。

排烟和供风换向阀控制信号由两路单独控制,并实现互锁。

根据该工程实际情况,上、下两组烧嘴(4 台烧嘴,均热段 5 台烧嘴)共用一台三通阀。全炉共配置三通换向阀 18 台,规格 DN450。

d.燃气管路系统。主天然气管道上安装有手动阀、快速切断阀、减压阀、燃气流量计等。

主天然气管道到烧嘴前的分支天然气管道上均安装有电磁阀和手动调节球阀。主燃气管道末端设有放散管,放散管上安装有放散阀和取样口。

天然气管道的吹扫,天然气主管道留有管道吹扫接口,采用管道氮气吹扫。

燃气安全使用措施如下。

(a)吹扫放散系统:开炉、停炉时用氮气吹扫管道内的残存燃气。

(b)燃气总管快切阀,防止停电、风机故障或空气和燃气低压引起的事故。

(c)设置放水点。

(d)设置燃气平台,盲板阀。

(e)设置 CO 安全报警仪。

e.空气管路系统。助燃空气由 1 台鼓风机供给,鼓风机电机采用变频电机。从空气总管分出 3 条支管,再经分配管与换向阀和烧嘴连接。支管上安有流量孔板和调节阀。烧嘴前的连管上安有手动调节蝶阀和膨胀节。

助燃风机性能、规格如下(最终参数以详细设计为准)。

型号:9-28№13.5D

风量:80 000 m^3/h

风压:8 000 Pa

功率:315 kW

风机数量:1 台

f.排烟系统。经燃烧器排出的烟气,通过炉前空气管路流至换向阀,换向阀烟气出口接烟气管路。

烟气换向阀后的烟气经一条烟气管路连接排烟机,经钢烟囱排出,烟囱利旧。

烟气引风机性能、规格如下(最终参数以详细设计为准)。

型号:Y9-38№12.5D

风量:100 000 m^3/h

风压:5 600 Pa

功率:315 kW

风机数量:1 台

④项目应用效果。项目新建完成,退钢炉投入生产,天然气消耗量低于 30 m^3/t,在线监测结果表明 NO_x 排放浓度为 127 mg/m^3。

综上所述,搭配单蓄热燃烧系统的退钢炉,在满足排放指标的情况下,单吨耗气更低,满足生产需求。

(3)浓淡燃烧技术在唐山某钢管企业镀锌锅炉的应用。

①项目及企业概况。唐山某钢管企业始建于 2001 年,荣列国家钢管标准制修订单位,多年来参与起草和制修订国家、行业标准 7 项。拥有高频直缝焊管、热浸镀锌钢管、螺旋缝埋弧焊钢管、衬塑复合管、方矩管、涂塑生产线 49 条,设计产能 300 余万 t。主产直缝电焊钢管、热浸镀锌钢管、螺旋缝埋弧焊钢管、方矩管、热浸镀锌方矩管、衬塑复合管、涂塑钢管七大类产品。

企业为响应国家绿色减排号召,要求在不影响产量的前提下,改造镀锌锅炉燃烧系统,将生产中产生的 NO_x 含量降低,$NO_x \leqslant 30$ mg/m^3。

②项目技术方案。热镀锌也称热浸镀锌,是将已清洗洁净的铁件,经由助镀剂的润湿作用,浸入锌浴中,使钢铁与熔融锌反应生成一合金化的皮膜。镀锌锅燃烧系统的改造就是该工艺重要环节。

设计要求:炉膛温度上限为 900 ℃;锌液生产温度为 442~448 ℃;燃烧器布置在锌锅对角位置,上下分布,一边 3 套。

该项目主要是优化燃烧系统,在炉体无大改动的前置条件下,设计烧嘴结构,且满足工艺需求。所以燃烧器要向结构简单、尺寸较小的方向设计。根据上述要求,结合现场炉型尺寸和工艺要求,通过热平衡计算,算出所需的燃烧器功率。

该项目以浓淡燃烧的低氮燃烧技术为主,结合工艺要求,分别计算空气、燃气的分流比例,设计出燃烧器的原始结构,并创建三维模型,再通过计算机模拟分析,调整燃烧器结构,最终燃烧器(HHDX 低氮燃烧器)结构如图 4.11 所示。

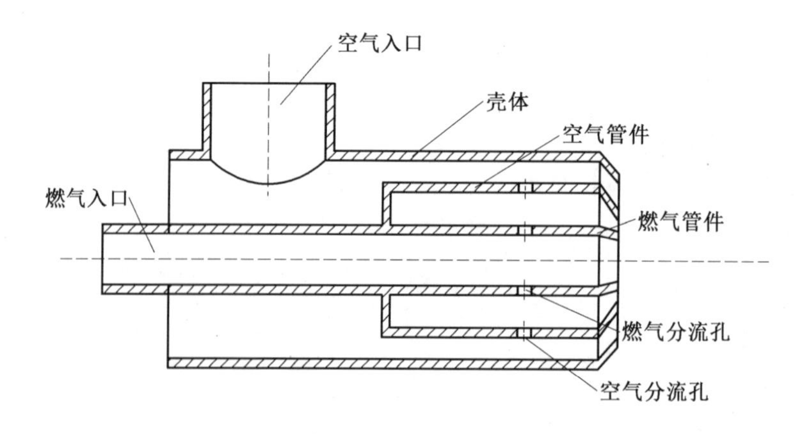

图 4.11　HHDX 低氮燃烧器结构

HHDX 低氮燃烧器，以天然气为能源，通过空气燃、气多级分流的方式，设置空燃的配比，实现天然气的浓淡燃烧，从而降低 NO_x 的排放。另一方面，燃气和空气分级送入烧嘴，提供高速火焰，增加火焰长度和火焰刚度。

③项目实施内容。与现场老旧燃烧器的安装尺寸对比，确定新燃烧器（HHDX 低氮燃烧器）的安装方式和外形尺寸。并搭配相适应的自控系统，通过温度检测，自控系统控制燃烧器火焰大小，使炉膛温度更均匀、温度更精确。

新燃烧器初步安装，需要根据现场生产运行的情况，进行人工调试，调节空燃流量比例，使控制系统控火更精准，更能充分体现 HHDX 低氮燃烧器的低氮效果。

④项目应用效果。唐山某钢管企业镀锌锅炉设有尾气脱硝设备。据统计，改造前，该生产线最大生产能力约为 500 t/天；未使用脱硝设备的 NO_x 排放含量约为 80 mg/m^3；使用脱硝设备后，NO_x 排放含量能降到 50 mg/m^3，勉强满足唐山规定的排放指标。

完成改造后，该生产线最大日生产能力基本保持不变，约为 500 t/天；未使用脱硝设备的 NO_x 排放含量基本保持在 28 mg/m^3 以下，多数情况下在 20 mg/m^3 以内，节省了运营脱硝设备的成本；相比改造前镀锌锅炉的天然气消耗量，安装了新燃烧器（HHDX 低氮燃烧器）的镀锌锅炉，燃气消耗量更小，根据现场工作人员统计，每加工 1 t 料节省约 1 m^3 的天然气。综上所述，HHDX 低氮燃烧器符合设计要求。

5.技术适用性

在全球能源消费中，清洁的可再生型能源消费比例逐渐加大。为了解决能源消费与经济发展之间的问题，最新政策指出要在未来十年 CO_2 排放到最大值，使煤炭比重降低，尽快向非传统能源过渡。

天然气作为相对清洁能源，能够降低空气污染进而使环境质量改善。天然气的热值很大，且燃烧所造成的污染与常规能源相比极大减少。然而，随着天然气锅炉的数量不断增长，天然气燃烧所带来的污染问题，也逐渐成为关注的焦点。

因此，采用低氮燃烧技术，优化燃烧系统，从而降低热工设备所产生的 NO_x，是推动天然气使用规模的发展趋势。低氮燃烧技术适用于以天然气为主要能源的热工设备。

4.4.2　流化床（SDS）干法脱硫+袋式除尘+SCR 脱硝工艺

1.技术工艺背景

随着《关于推进实施钢铁行业超低排放的意见》（环大气〔2019〕35 号）出台和地方钢铁行业排放标准升级，轧钢热处理炉烟气的达标排放已成为严重制约钢铁行业可持续发展的重要瓶颈。因此，迫切需要成熟的治理工艺对其进行终端净化处理。以“SDS 干法脱硫+袋式除尘+SCR 脱硝”为典型的治理工艺，因其占地面积较小、投资运行成本低、脱硫脱硝效果稳定等特点，已在钢铁焦化等行业烟气治理工程中应用多年，能够保证末端烟气的稳定达标排放。

2.技术工艺概述

SDS 干法脱硫是一种典型的干法脱硫技术,“SDS 干法脱硫+袋式除尘+SCR 脱硝”治理工艺采用先脱硫后脱硝的处理流程,能够防止高浓度的 SO_2对脱硝催化剂产生的毒害作用。

轧钢热处理炉烟气从烟道引出后,在烟道合适位置设置脱硫剂喷入口。外购的碳酸氢钠脱硫剂经研磨分级后形成碳酸氢钠细粉,并在磨机系统输送风机的作用下送入烟道内与高温烟气接触,并与烟气中的 SO_2、HCl 等酸性污染物发生反应,生成 Na_2SO_3、Na_2SO_4和 NaCl 等盐类物质。该盐类副产物会在引风机的负压作用下随烟气一同进入袋式除尘系统,在除尘布袋的拦截作用下实现烟气中的脱硫副产物与烟气颗粒物的高效脱除,同时未反应完的脱硫剂在布袋表面完成二次脱硫,提高了脱硫效率及脱硫剂的利用率。脱硫除尘后烟气经过换热器换热升温以及热风炉补燃后进入 SCR 脱硝,在进入脱硝反应器前,还原剂制备系统喷加的氨气或尿素等还原剂会与烟气进行充分混合,并在 SCR 脱硝催化剂的表面活性组分催化作用下,与烟气中的 NO_x污染物发生反应,生成无害的 N_2和 H_2O。脱硝后洁净烟气经过风机、烟囱达标排放。因煤烟烟气中 CO 含量高,煤烟烟气脱硫脱硝与空烟烟气脱硫脱硝分开设置。图 4.12 所示为该技术路线的工艺流程。

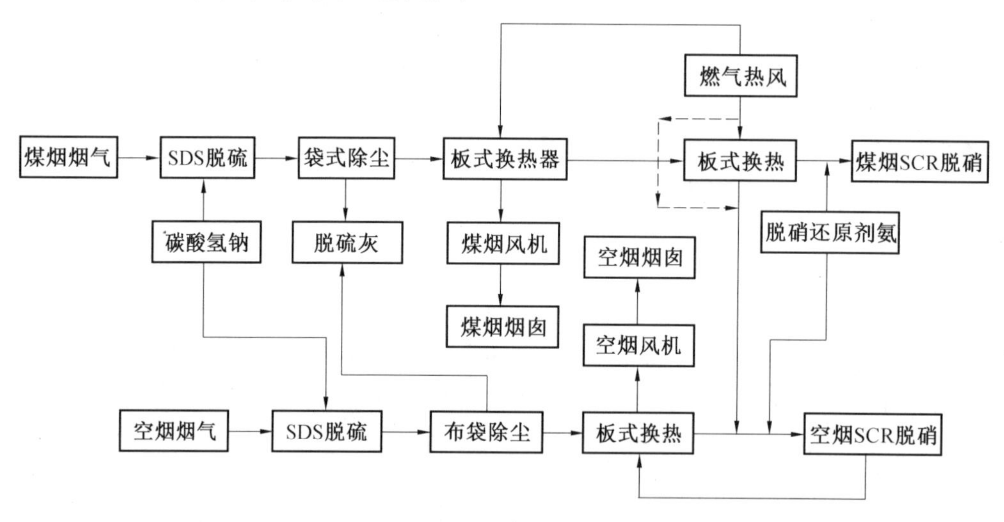

图 4.12 “SDS 干法脱硫+袋式除尘+SCR 脱硝”工艺流程

3.主要技术参数

“SDS 干法脱硫+袋式除尘+SCR 脱硝”治理工艺主要由 SDS 干法脱硫系统、袋式除尘系统、SCR 脱硝系统、烟气加热系统、烟气换热系统以及风机机组等子系统组成,各子系统分别对烟气进行不同功能的处理,最终实现烟气的达标排放。

(1)SDS 干法脱硫系统。

SDS 干法脱硫主要使用碳酸氢钠用作烟气脱硫的吸收剂。它通过化学反应去除

烟气中的 SO_2、SO_3、HCl 等酸性污染物。同时，它还可通过物理吸附去除一些无机和有机微量物质。由于运输和存储的原因，碳酸氢钠原料性状通常为 D50 约200 μm的粗颗粒。就脱硫反应来说，如要达到较高的反应活性，必须要有足够的反应点位，因此吸收剂必须有较大的比表面积。结合相关工程实操经验，脱硫剂原料在喷入脱硫段之前将其研磨至一定细度，能够大大地提升其脱硫性能，节省脱硫剂自身的消耗，一般要求细度须达到 D90≤20 μm。

外购的碳酸氢钠脱硫剂通过吨包吊装系统输送至粗粉仓中暂存，在粗粉仓下部设置有卸料阀及变频计量螺旋给料机，通过调整螺旋给料机的频率来精准控制实时进入研磨系统的物料量。为了在长期操作中保持所需的碳酸氢钠细度，研磨系统通常采用带分级机的冲击磨，亦称分级磨。研磨细度未达标的物料会在分级机作用下返回到研磨机中研磨，细度达标的脱硫剂物料会在研磨系统输送风机的作用下通过气力输送方式输送并喷射到脱硫段中发生热解并与烟气中的 SO_2 等酸性污染物发生反应。

（2）袋式除尘系统。

含尘气体由导流管进入各单元灰斗，在灰斗导流系统的引导下，大颗粒分离后直接落入灰斗，小粒径颗粒物随气流进入中箱体过滤区，过滤后的洁净气体透过滤袋经上箱体、提升阀、排风管排出。随着过滤工况的进行，当除尘段压差达到设定值 1 400～1 600 Pa 时，由清灰控制装置按设定程序关闭提升阀，控制当前单元离线，并打开电磁脉冲阀喷吹，抖落滤袋上的粉尘。落入灰斗中的颗粒物借助输送系统送出。经袋式除尘过滤后的烟气颗粒物浓度可低于 5 mg/m^3。

（3）SCR 脱硝系统。

SCR 脱硝还原剂一般为氨气、氨水或尿素，在 SCR 催化剂作用下与烟气中的 NO_x 反应，生成 N_2 和 H_2O，实现烟气中的 NO_x 污染物的脱除。为了保证氨空混合气与烟道气有良好的混合效果，增加脱硝系统治理效率，设计时需对混合烟气进行流场模拟。以下为装置进行数字模拟的要求及目标。

①脱硝反应器需要满足烟气和氨气的均匀混合要求，烟气进入催化剂层之前反应器截面的 NO_x/NH_3 分布相对标准偏差 CV 小于 5%。

②脱硝反应器需要满足仓室内烟气截面风速的均匀分布要求，要求烟气进入催化剂层之前反应器内截面的速度分布相对标准偏差 CV 小于 15%。

③脱硝反应器需要满足仓室内烟气流向的垂直度要求，烟气进入催化剂层之前仓室内烟气流向角度（与垂直方向的夹角）最大为±10°。

④装置设计需要考虑尽量减小装置的运行阻力，要求装置进风管与出风口之间的运行阻力≤1 500 Pa。

催化剂是 SCR 脱硝系统中的核心，一般要求使用寿命不低于 24 000 h，采用模块化设计以减少更换催化剂的时间。

(4)烟气加热系统。

该技术工艺中通常采用外置式燃气热风炉作为烟气加热的主要设备,配置常用液化罐装煤气作为点火燃料,以高炉煤气或者天然气等作为加热运行燃料。热风炉规格需要根据燃料品质、烟气量以及实际所需温升等条件进行选型设计。热风炉本体通常包括燃烧器、燃烧室、混合室等结构并设置炉膛和热风出口压力和温度检测,监视热风炉的工作状态。燃烧器作为频繁维护部件,安装时需带有检查清理的观察窗并配有检修人孔。燃气热风炉控制系统包括点火控制、自动吹扫控制、燃烧控制、自动放散控制,并且可以实现现场控制和中控室控制,能够根据系统设置的温度、压力等监测信号实现自动调节及安全联锁保护。

燃气热风炉配带火焰监测装置,火焰监测装置一般设有自动保护装置,热风炉煤气阀组处设置环境煤气含量监测报警装置,煤气管道设置自动切断阀和煤气调节阀,热风炉可以通过自动控制单元来进行启动和关闭工作,并控制出口烟气温度波动在±5 ℃范围内。

(5)烟气换热系统。

该技术工艺中采用板式换热器对烟气进行换热,通过利用脱硝后的高温烟气与脱硝前的低温烟气的热交换,降低脱硝后的烟气温度并提高脱硝前的低温烟气的温度,以减少 SCR 脱硝前烟气升温所需要的燃气消耗。

(6)引风机系统。

该技术工艺中的烟气处理系统阻力全部由末端的引风机机组进行克服,通过引风机将烟气抽取并最终送入到烟囱中排放。引风机机组一般采用离心风机,配置变频电机和变频器,使用过程中通过变频器来调节风机的压力和流量,并且在风机设计风量和压力时考虑必要的余量,以应对复杂工况的不可控变化。风机轴承上设有测温测振装置,保证可以随时监控风机的运行状态。

4.主要应用案例及应用效果

(1)唐山某钢铁厂轧钢加热炉超低排放改造项目。

①项目及企业概况。河北省作为钢铁大省,占全国近四分之一的钢铁产能,由钢铁产能带来的生产污染等问题也刻不容缓。在河北省《钢铁工业大气污染物超低排放标准》(DB 13/2169—2018)颁布实施后,唐山某钢铁厂作为该标准的重要适用对象之一,已经陆续开始进行废气的提标改造工程建设。其中,二扎车间某热处理炉在标准实施后,开始新建超低排放治理系统,煤烟系统处理风量约 132 000 m^3/h,烟温 75~120 ℃,空烟系统处理风量约 83 000 m^3/h,烟温 75~120 ℃。原烟气污染物指标:颗粒物≤100 mg/m^3,SO_2浓度≤300 mg/m^3,NO_x排放浓度≤500 mg/m^3。

②项目技术方案。项目采用“SDS 干法脱硫+袋式除尘+SCR 脱硝”治理工艺,从轧钢热处理炉煤烟及空烟风机出来的烟气分别进入脱硫塔中与脱硫研磨系统喷入的脱硫剂进行反应,实现烟气脱硫;完成脱硫反应的副产物随烟气一同进入袋式除尘器中,在布袋拦截作用下实现脱硫灰及烟气颗粒物的脱除,同时进行二次脱硫提高脱硫

效率及脱硫剂的利用率;烟气脱硝治理环节中采用SCR脱硝工艺,还原剂采用20%浓度的外购氨水,通过氨水蒸发器及稀释风机将氨气送入脱硝塔入口前段管道中,在脱硝催化剂的作用下,NO_x与NH_3反应生成N_2和H_2O,最终通过引风机将洁净的烟气送入烟囱实现高空排放。

③项目实施内容。该轧钢热处理炉煤烟环保治理工程具体实施内容主要包括烟气加热系统、烟气换热升温系统、烟气脱硫除尘系统、烟气脱硝系统、烟气输送及电气控制系统等几部分。

烟气加热系统,主要为热风炉加热装置,采用高炉煤气为燃料在炉膛内燃烧,并将燃烧后的高温烟气先通过换热器将煤烟烟气换热升温至SCR脱硝所需的最低温度,换热后的热烟气直接并入空烟烟气中,与空烟烟气直接接触混合至SCR脱硝所需的最低温度。

烟气换热升温系统,主要为板式换热装置,采用板式换热器对烟气进行换热,提高脱硝前的低温烟气的温度,以减少SCR脱硝前对烟气进行加热的燃气消耗。

烟气脱硫除尘系统,主要为碳酸氢钠的研磨制备投加、脱硫塔搭建及袋式除尘的选型、设计,并利用流场模拟对脱硫塔及除尘器内部流场情况进行优化。

烟气脱硝系统,主要为还原剂的制备输送、脱硝塔本体的建设以及脱硝催化剂安装,在该项内容实施过程中,需要采用喷氨格栅对喷入的氨气还原剂进行均化处理,保证氨气与烟气的均匀混合,否则会影响投用时的脱硝效率。

烟气输送及电气控制系统,主要为烟气连接管道及阀门开度、布袋清灰喷吹程序等相关的工艺控制系统的搭建实施。

④项目应用效果。该项目轧钢热处理炉煤烟及空烟废气分别经“SDS干法脱硫+袋式除尘+SCR脱硝”治理工艺处理后运行稳定,出口排放指标中颗粒物、SO_2及NO_x浓度均满足相关排放标准要求。根据2023年6月1日至20日的在线监测结果,在烟气含氧量4.3%~9.9%时,入口烟气中颗粒物、SO_2和NO_x浓度范围分别为10~20 mg/m^3、153~260 mg/m^{3}和115~384 mg/m^3,治理后出口烟气中颗粒物、SO_2和NO_x浓度范围分别为13 mg/m^3、7~15 mg/m^{3}和6~14 mg/m^3。

(2)河北某钢铁轧钢加热炉烟气脱硫脱硝项目。

①项目及企业概况。根据河北省《全省钢铁企业环保绩效全面创A工作方案》和《秦皇岛市人民政府办公室关于执行钢铁等行业大气污染物排放特别要求的通知》的要求,河北某钢铁集团有限公司为促进企业健康稳定发展,积极落实河北省、秦皇岛市两级环保部门关于环境整治、超低排放的要求,实现轧钢加热炉烟气的超低排放治理。

河北某钢铁集团有限公司现有一热轧车间3台1 780 mm轧钢加热炉(2用1备)和二热轧车间2台1 450 mm轧钢加热炉(2用)。为实现环保超低排放的要求,该企业建设了2套轧钢加热炉煤烟和空烟脱硫装置。

现有轧钢加热炉均采用高炉煤气进行加热。一热轧车间轧钢加热炉总烟气量为煤烟 194 000 Nm^3/h，空烟 144 000 Nm^3/h；二热轧车间轧钢加热炉总烟气量为煤烟 190 000 Nm^3/h，空烟 130 000 Nm^3/h。轧钢加热炉烟气排放温度（包括煤烟和空烟）约为 120±5 ℃，烟气中 SO_2 浓度≤200 mg/Nm^3，NO_x 浓度≤300 mg/Nm^3，颗粒物浓度≤20 mg/Nm^3，要求通过脱硫装置净化后烟气中 SO_2 浓度≤30 mg/Nm^3，NO_x 浓度≤50 mg/Nm^3，颗粒物浓度<5 mg/Nm^3，满足环保超低排放要求。

②项目技术方案。轧钢加热炉烟气分为煤烟和空烟，采用高活性氢氧化钙粉状干法脱硫+除尘+SCR 脱硝进行烟气脱硫脱硝净化处理。干法脱硫-SCR 脱硝工艺流程如图 4.13 所示；工艺全貌如图 4.14 所示。

来自原加热炉引风机的煤烟烟气（或空烟烟气）汇总后，高活性氢氧化钙粉状脱硫剂喷入汇总后的烟道并通过袋式除尘器，脱硫剂与烟气中的 SO_2 吸附反应，去除烟气中的 SO_2。

脱硫剂通过脱硫剂料仓底部的插板阀、给料机和罗茨风机气力输送至烟道中。袋式除尘器过滤收集的粉尘通过气力输送系统输送至灰仓。灰仓中废脱硫剂通过散装机进行装车，定期运出工厂。

为保证脱硝的反应温度，来自除尘器的脱硫烟气先通过 GGH 换热器与脱硝后烟气换热升温，再通过烟气加热系统加热至 220 ℃后送入脱硝系统。考虑到煤烟中含有 CO，煤烟采用换热器进行间接加热，另一方面煤烟系统稀释风采用煤烟脱硝后的高温烟气，保证了系统安全运行。空烟则混入经与煤烟间接换热后的加热炉热烟气，使空烟温度升温至 220 ℃后再进入空烟脱硝反应器。

烟气加热系统采用高炉煤气作为燃料气的热风炉。来自界区的煤气送至热风炉进行燃烧，产生的高温烟气与经掺混风机送来的低温空烟（或空气）掺混后送至煤烟加热器与煤烟烟气间接换热后送至空烟脱硝反应器入口烟道。

脱硝后的煤烟烟气（或空烟烟气）经 GGH 换热器后，由引风机送至烟囱排放。

脱硝用还原剂采用 20%氨水，来自现有氨水储罐。氨水通过氨水输送泵送至氨水蒸发器进行蒸发，蒸发的氨水蒸汽与来自稀释风机的烟气经氨烟混合器充分混合，氨气体积比例控制在 5%以下。混合氨气通过喷氨格栅格喷入烟道内和烟气充分混合。通过脱硝反应器内导流板的导流作用，均匀地进入反应器顶部，经过整流格栅再次整流，与脱硝催化剂均匀接触，进行反应，达到除去氮氧化物的目的。

脱硫脱硝工艺流程如图 4.15 所示。

③项目实施内容。该企业共有 2 套轧钢加热炉，每套轧钢加热炉烟气脱硫脱硝装置均由煤烟和空烟脱硫脱硝系统组成。脱硫脱硝装置主要包括脱硫除尘系统、烟气加热系统、脱硝系统、引风机和钢烟囱。

该项目采用高活性氢氧化钙干法脱硫技术，脱硫效率大于 95%，脱硫过程压降小，主要压降为袋式除尘器的压降；采用 325 目（过筛率≥85%）的粉状脱硫剂，不需要研磨，同时适用温度宽泛（30~350 ℃）；先脱除烟气中的 SO_2 和粉尘，有利于降低工

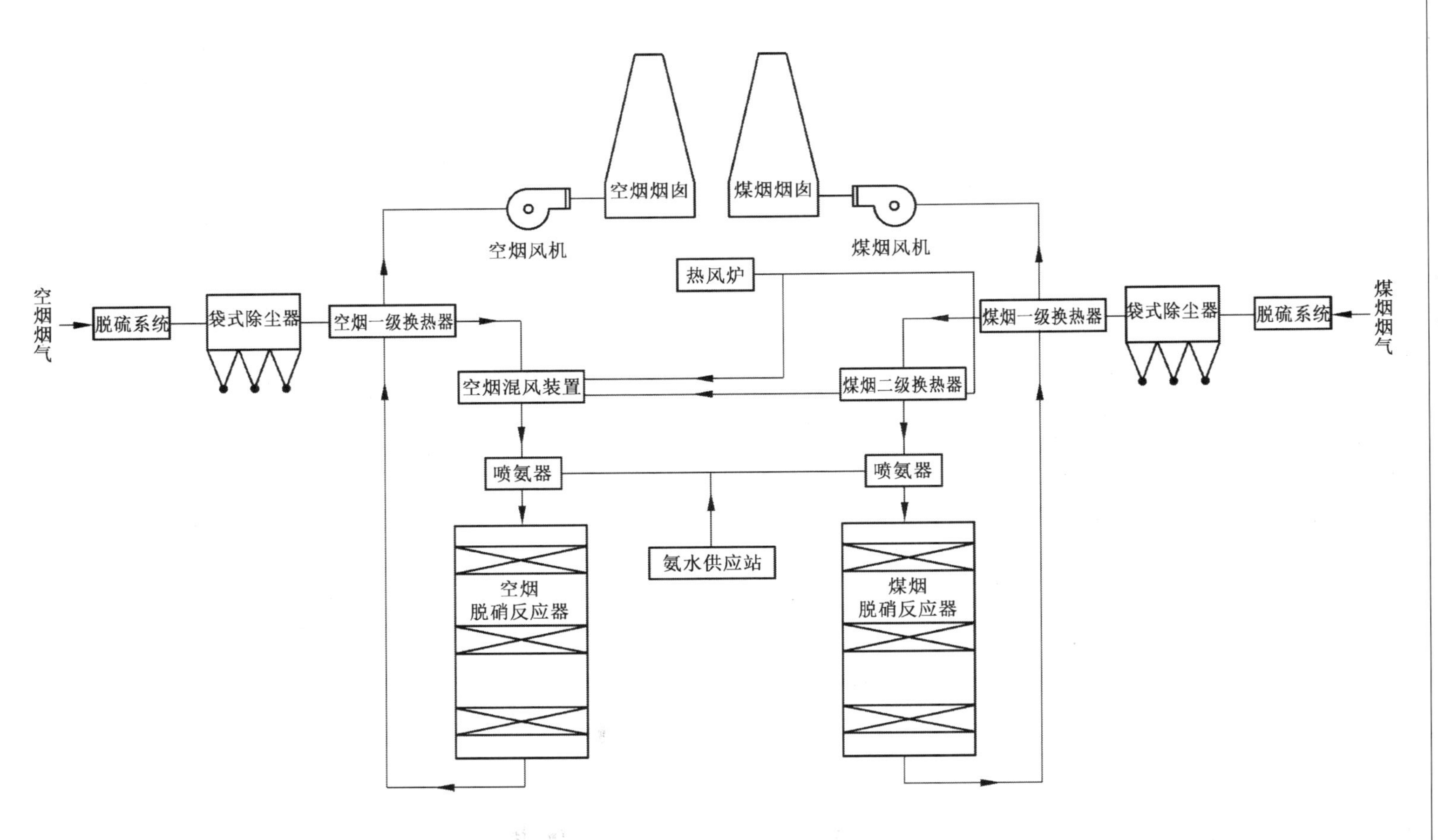

图 4.13　干法脱硫-SCR脱硝工艺流程

图 4.14　工艺全貌

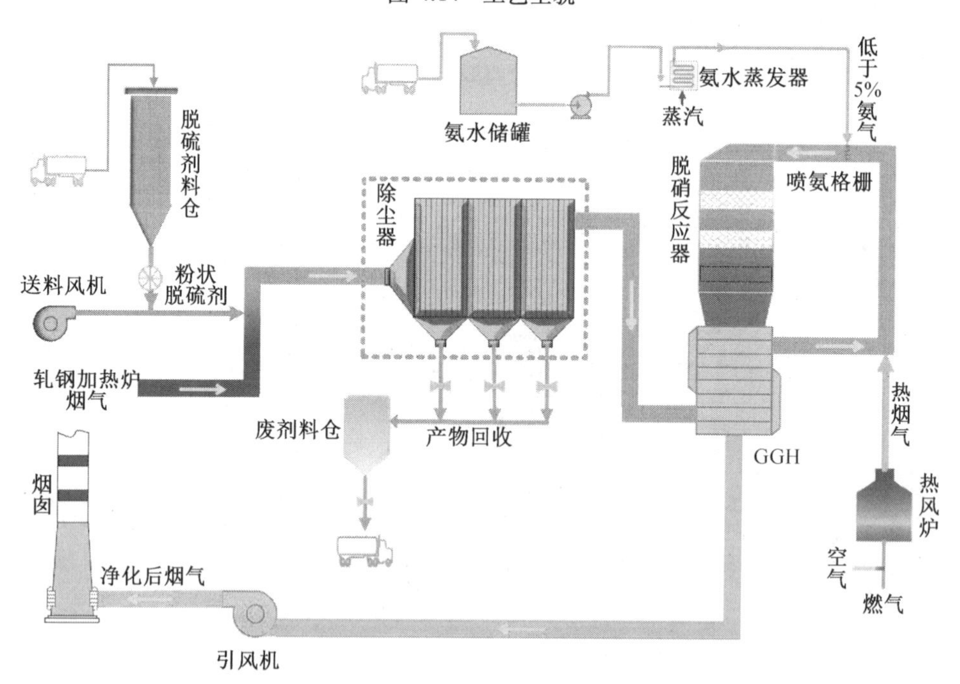

图 4.15　脱硫脱硝工艺流程

况下 SO_2对 SO_3的转化率，提高脱硝效率，延长脱硝催化剂使用寿命；脱硫产物为中性物，属于一般固废，有利于资源化处理。采用 SCR 脱硝工艺，脱硝效率高；设置 GGH 换热器回收烟气热量，减少燃气消耗，更加节能；煤烟采用间接加热方式，工艺安全更加可靠。

脱硫系统由脱硫剂储存供给装置和袋式除尘系统构成。脱硫剂储存系统包括料仓、仓顶除尘器、破拱气碟和振动电机等。脱硫剂采用罐车输送及装卸，全程密闭输送，现场无扬尘。脱硫剂输送供给系统主要包括给料机和罗茨风机，通过稀相方式进行气力输送。通过变频调节给料机频率，调整脱硫剂给料量，控制烟囱排放烟气中的 SO_2浓度。

袋式除尘系统包括袋式除尘器、排灰及储存系统。由于脱硫反应主要在滤袋上进行，因此通过控制袋式除尘器的反吹频率和间隔时间，优化脱硫剂的使用量。

烟气加热系统主要包括热风炉系统、煤烟间接加热器以及 GGH 换热器。

脱硝系统主要包括 SCR 脱硝反应器、脱硝催化剂、氨水储存及供给系统、蒸氨及稀释风系统。脱硝催化剂采用国内优质蜂窝状钒钛系 SCR 催化剂。氨区系统主要由氨水储罐、氨水卸车泵、氨水计量泵等组成。

④项目应用效果。该企业轧钢加热炉烟气经高活性氢氧化钙粉状干法脱硫+除尘+SCR 脱硝后，达到了轧钢加热炉烟气的 SO_2、NO_x和颗粒物超低排放的要求。

该企业 1 780 mm 轧钢加热炉烟气脱硫脱硝项目 2021 年 11 月建成以来运行稳定。在线监测数据表明，空烟烟气含氧量为 8.7%，处理烟气量达140 823 m^3/h（干基），处理后烟气颗粒物、SO_2和 NO_x平均排放浓度分别为 1.2、8 和7 mg/m^3；煤烟烟气含氧量为 5.6%，处理烟气量达 150 256 m^3/h（干基），处理后烟气颗粒物、SO_2和 NO_x平均排放浓度分别为 1.6、9 和 17 mg/m^3。

该企业 1 450 mm 轧钢加热炉烟气脱硫脱硝项目 2022 年 5 月建成以来运行稳定。在线监测数据表明，空烟烟气含氧量为 7.49%，处理烟气量达119 508 m^3/h（干基），处理后烟气颗粒物、SO_2和 NO_x平均排放浓度分别为 1.1、0.2 和37.6 mg/m^3；煤烟烟气含氧量为 6.6%，处理烟气量达 131 138 m^3/h（干基），处理后烟气颗粒物、SO_2和 NO_x平均排放浓度分别为 0.5、9.7 和 40.3 mg/m^3。

5.技术适用性

该技术路线适于轧钢加热炉烟气的脱硫脱硝，在钢铁烧结、焦化等领域应用较多。

该技术工艺能够有效处理轧钢加热炉烟气中的 SO_2、NO_x以及颗粒物等污染物，可适用于煤气脱硫效果不明显且对 SO_2、NO_x排放控制要求严格的轧钢热处理炉烟气以及其他非电行业烟气的治理建设与改造。能够通过技术方案中的脱硫、除尘以及SCR脱硝工艺实现外排烟气达标排放。

4.4.3 SCR脱硝/低氮燃烧+固定床干法脱硫工艺

1.技术工艺背景

由于部分加热炉燃料中含硫量等条件的限制,烟气中 SO_2 和 NO_x 等污染物排放浓度波动较大,亟须开展烟气 SO_2 和 NO_x 的深度治理,提高加热炉对燃料的适用性,确保全工况烟气污染物的稳定达标排放。

2.技术工艺概述

还原剂制备系统将还原剂(氨气或尿素)喷入到烟气中,与烟气进行充分混合,进入脱硝反应器后,混合还原剂的烟气在SCR脱硝催化剂的表面活性组分催化作用下,与烟气中的 NO_x 污染物发生反应,生成 N_2 和 H_2O,处理后洁净烟气经过风机、烟囱达标排放。

SCR脱硝反应器由壳体、内部支撑、导流整流装置及密封装置等组成。通过优化脱硝装置使得烟气在反应器内分布均匀,同时该设计可以最大化地降低烟气阻力,避免积灰。SCR脱硝催化剂是反应器的核心部件,催化剂要求在 SO_2 浓度低于300 mg/Nm^3 时,SO_2/SO_3 转化率低于0.5%。NH_3/NO_x 的物质的量比绝对偏差范围为平均值的±5%。

由于固定床干法脱硫装置本身有一定的除尘效果,与流化床+袋式除尘工艺不同的是,脱硫后的烟气可不需要经除袋式除尘。脱硫塔是对烟气中 SO_2 进行脱除的主体装置。吸收塔是固定层式(间歇排料),由上下两部分固定层构成(脱硫剂层连续),上层部分相当于精脱硫层,下层部分相当于初脱硫层。脱硫剂从塔上部装入预存室内。脱硫剂层支撑采用百叶窗构造。脱硫剂在120~300 ℃温度范围内,可良好地吸收 SO_2。图4.16所示为该技术的工艺流程。在烟气中有 O_2、H_2O 共存情况下,SO_2 的吸收显著加快。吸收的 SO_2 最终生成 $CaSO_4$。

脱硫剂主要成分为消石灰、粘接剂、氧化剂等。由高温煅烧成直径5~7 mm的颗粒体脱硫剂。该脱硫剂脱硫效率高,利用率高,具有高强度、高硫容的特性,能够减少移动中破碎产生粉尘的可能性。

3.主要技术参数

(1)SCR脱硝。

SCR脱硝系统采用氨气、氨水或尿素作为还原剂,在SCR催化剂作用下与烟气中的 NO_x 反应,生成 N_2 和 H_2O,实现烟气中的 NO_x 污染物的脱除,并根据还原剂的投加量以及催化剂用量来控制末端 NH_3 的逃逸率。以20%浓度氨水还原剂为例,储罐中的氨水通过氨水泵输送至蒸发器中,借助外部蒸汽的热能将氨水蒸发气化为氨气。氨气发生量的控制主要通过氨水泵下游的调节阀控制氨水补给量来实现。同时,系统配备2台氨气稀释风机(1用1备),用于将氨水蒸发器产生的氨气稀释以供脱硝

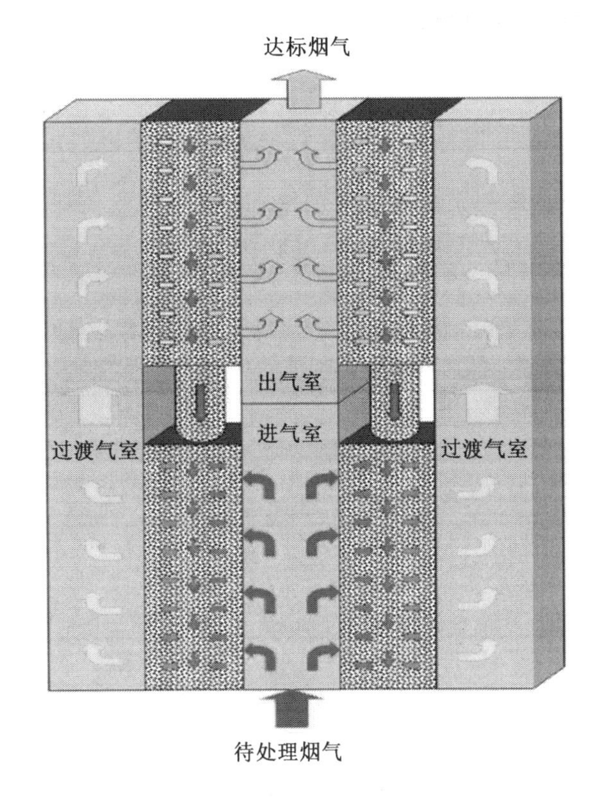

图 4.16　脱硫塔工艺流程

系统使用。此外,氨水供应系统中还设置氨气-空气混合器,将高浓度的氨气与空气混合,提高氨气使用的安全性。

催化剂是 SCR 脱硝系统中的核心,催化剂一般使用寿命要求不低于24 000 h,采用模块化设计以减少更换催化剂的时间。催化剂模块采用钢结构框架,并便于运输、安装、起吊。为便于处理和安装或从 SCR 反应器中移出,催化剂单元安装于碳钢框架中形成单套模块运输。催化剂单元与单元之间以及单元与框架外壳之间设有密封组件,用以处理烟气的“短路流通”现象以及外部振动的吸收,且催化剂各层模块规格统一、具有互换性,方便催化剂的更换。

(2)固定床脱硫。

固定床干法脱硫是把脱硫剂通过电动葫芦将颗粒体脱硫剂输送到脱硫塔的塔顶,然后通过下料口送至每个仓室顶部,脱硫剂通过仓顶的进料口充填在脱硫塔的预存室内。来自加热炉烟道的烟气进入脱硫塔后,水平穿过脱硫剂,脱硫剂中的碱基与 SO_2发生化学反应,脱除掉 SO_2。净化后的烟气从脱硫塔侧面向上运动,然后再次穿过脱硫剂进行二次脱硫,然后经由增压风机输送至烟囱排放。

使用后的脱硫剂由底部排出,此时上部存留的新鲜脱硫剂补充至仓室内,使脱硫剂始终充满仓室,保证烟气穿过脱硫剂。脱硫塔中的脱硫剂从上往下移动,保持脱硫塔上部的脱硫剂为最新的,经使用一段时间后去往脱硫塔下部。

使用后的脱硫剂定期通过塔底星型卸料器排出,然后进行装袋外运处置。

脱硫塔是对烟气中SO_2进行脱除的主体装置。塔内设置由格栅板组成的脱硫剂通道和烟气通道。脱硫剂从塔上部向下部通过重力移动期间,去除烟气中的粉尘和SO_2。考虑到粉尘的堵塞及附着,各移动层的烟气入口侧的脱硫剂采用百叶窗构造。脱硫剂在120~300 ℃温度范围内,可良好地吸收SO_2。吸收的SO_2最终形成固体的无水石膏。

颗粒体干法脱硫剂料层的厚度灵活调节可以从容应对烟气中SO_2浓度和颗粒浓度的变化。脱硫塔在结构上采用模块化设计,通过灵活的单元开启和关闭可适应加热炉负荷变化,且系统布置灵活。

4.主要应用案例及应用效果

(1)某钢铁公司轧钢加热炉烟气SCR脱硝+固定床脱硫工艺。

①项目及企业概况。某钢铁公司中厚板作业部3 500 mm中板生产线共2座加热炉,分别为推钢炉和步进炉,每座加热炉设置一座烟囱。3 500 mm步进炉烟囱出口直径为2.4 m,高度为80 m;3 500 mm推钢炉烟囱出口直径为2.2 m,高度为80 m。4 300 mm生产线共2座加热炉(步进炉),2座步进炉共用一座烟囱,烟囱出口直径为4.5 m,高度为90 m。

由于环保要求越来越严格,而加热炉烟气排放指标波动较大,对燃料的适用性较差,对轧线产能形成一定的制约。为此,需对生产线加热炉烟气进行净化处理,提高加热炉对燃料的适用性,确保全工况烟气满足唐山地区特别排放限值的稳定达标排放。

②项目技术方案。将SCR催化剂布置在烟道内适当位置,在催化剂后将烟气抽出并送至余热回收系统。经过SCR催化剂后,烟气进入余热回收系统,通过系统的作用,烟气的温度降低。随后,烟气被引风机抽取,并通过原有的烟囱排放到大气中。脱硝还原剂喷枪布置于空气换热器人孔处,利用现有的换热器将还原剂与烟气进行充分混合,以提高脱硝效率。

该工程新建烟气脱硫装置4套,分别为3 500 mm生产线的步进炉和推钢炉及2座4 300 mm生产线的步进炉,每台加热炉对应1套脱硫装置。3 500 mm生产线的步进炉脱硫装置处理能力为60 000 Nm^3/h;3 500 mm生产线的推钢炉脱硫装置处理能力为50 000 Nm^3/h;4 300 mm生产线的步进炉每套脱硫装置处理能力为120 000 Nm^3/h。

该项目脱硫系统界区从每座加热炉主烟道驳接点开始至排放烟囱入口结束,每台加热炉配套建设1套脱硫系统,如图4.17所示。从每台加热炉脱硝后烟道引出烟气,经脱硫塔进行净化,再经增压风机送回加热炉烟气排放烟囱(原有烟囱)。系统配置主要包含脱硫塔、增压风机、电气系统、控制系统、烟道系统、管道支架等配套设施。

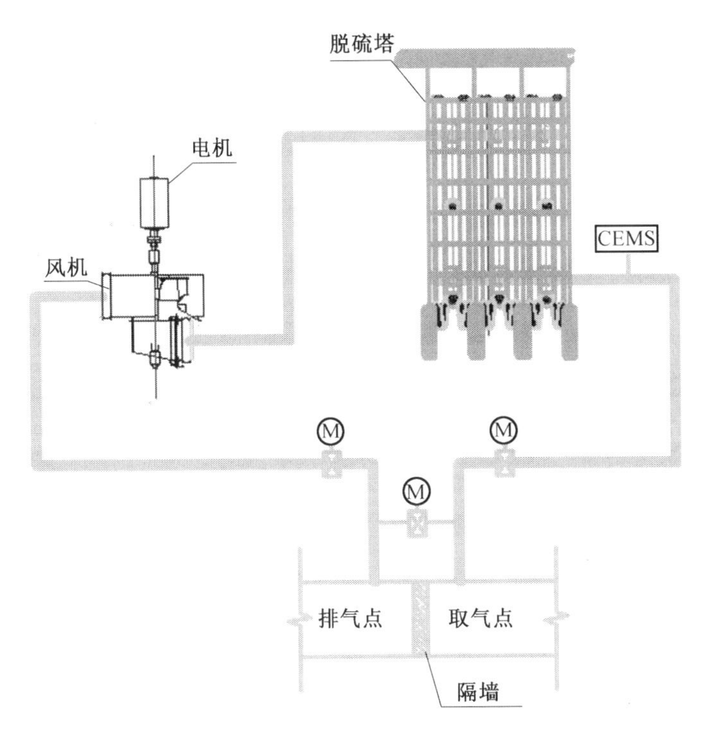

图 4.17　系统流程图

M—电动阀门;CEMS—烟气在线监测系统

该工程脱硫副产物为废脱硫剂,预计废脱硫剂产量 1 860 t/年,一般由脱硫剂供货方回收,可作为水泥生产原料,或用于加工环保砖块等。

脱硫工艺采用固定床钙基干法脱硫工艺。

4 300 mm 步进炉每座加热炉对应 1 套脱硫塔,每套脱硫塔配备 2 个相同尺寸标准的反应器单元;3 500 mm 步进炉每套脱硫塔配备 1 个反应器单元;3 500 mm 推钢炉每套脱硫塔配备 1 个反应器单元。单套脱硫塔主要参数见表 4.4。

③项目实施内容。根据工艺流程合理、用地节约的原则,将脱硫电气楼、中厚板脱硫设施、中厚板风机房由北向南依次布置在中厚板主电室的西侧,中板水处理设施的东侧;将中厚板 CEMS 小屋布置在既有管道下方;将中板脱硫设施布置在既有中板 1#脱硝及余热设施的南侧,通往炼钢车间道路的西侧;风机房利旧既有脱硝风机房,中板 CEMS 小屋布置在中板脱硫设施的西侧,靠近烟囱布置。

固定床干法脱硫项目工程分两个区域,中厚板脱硫区域南北长 70 m,东西宽 15 m,占地 1 050 m^2;中板脱硫区域南北长 15 m,东西宽 12 m,占地 180 m^2;总占地面积 1 230 m^2。

加热炉本身烟气中氮氧化物较低,平均在 150 ~ 200 mg/m^3,最高浓度可达 350 mg/m^3左右。通过 SCR 脱硝可将烟气 NO_x稳定控制在 50 mg/m^3的水平。

④深度治理技术效果。加热炉脱硫塔的主要技术操作指标见表 4.5。

表 4.4　单套脱硫塔主要参数

序号	项目	4 300 mm 步进炉	3 500 mm 步进炉	3 500 mm 推钢炉
1	烟气量	95 000 Nm^3/h	30 000 Nm^3/h	30 000 Nm^3/h
2	排烟温度	290~320 ℃	290~320 ℃	300~350 ℃
3	脱硫塔结构	双级错流式	双级错流式	双级错流式
4	脱硫模块单元	2 个	1 个	1 个
5	脱硫模块外形尺寸(长×宽×高)	8 400 mm×5 200 mm×24 500 mm	4 400 mm×5 200 mm×24 500 mm	4 400 mm×5 200 mm×24 500 mm
6	脱硫剂初装量	~270 t	~135 t	~135 t
7	脱硫剂料层厚度	0.7~0.8 m	0.7~0.8 m	0.7~0.8 m
8	空塔风速	0.32 m/s	0.32 m/s	0.32 m/s
9	烟气在脱硫剂层停留时间	>4 s	>4 s	>4 s
10	塔底卸料斗	8 个	4 个	4 个
11	塔体耐温	350 ℃	350 ℃	350 ℃
12	NH_3/NO_x 摩尔比	1.05	1.6	1.6
13	氨水用量	28 kg/h	10 kg/h	12.3 kg/h

该技术工艺具有以下主要特点。

a.脱硫工艺采用固定床钙基干法脱硫，原烟气经脱硫装置处理后，经按 8%含氧量折算，SO_2排放浓度<20 mg/Nm^3，NO_x排放浓度<40 mg/Nm^3，可满足最严格的加热炉烟气超低排放指标要求。

b.固定床钙基干法脱硫效率高，通过调节脱硫剂的消耗量便可以满足更高脱硫率的要求。

c.脱硫副产物流动性好，其主要成分是硫酸钙，可做水泥厂原料使用。

d.系统无废水产生。

表 4.5　加热炉脱硫塔的主要技术操作指标

序号	项目	4 300 mm 步进炉	3 500 mm 步进炉	3 500 mm 推钢炉
1	脱硫塔进口烟气温度	140~160 ℃，设计 150 ℃	140~160 ℃，设计 150 ℃	140~160 ℃，设计 150 ℃
2	脱硫塔进口 SO_2 浓度	<150 mg/Nm^3	<150 mg/Nm^3	<150 mg/Nm^3
3	脱硫塔进口颗粒物浓度	<5 mg/Nm^3	<5 mg/Nm^3	<5 mg/Nm^3
4	脱硫塔进口 NO_x 浓度	<200 mg/Nm^3	<220 mg/Nm^3	<260 mg/Nm^3
5	脱硫塔出口烟气温度	150 ℃	150 ℃	150 ℃
6	排放口 SO_2 浓度	<20 mg/Nm^3	<20 mg/Nm^3	<20 mg/Nm^3
7	排放口颗粒物浓度	<5 mg/Nm^3	<5 mg/Nm^3	<5 mg/Nm^3
8	排放口 NO_x 浓度	<40 mg/Nm^3	<40 mg/Nm^3	<40 mg/Nm^3

(2)徐州某加热炉烟气深度脱硫项目。

①项目及企业概况。根据《江苏省人民政府办公厅关于印发全省钢铁行业转型升级优化布局推进工作方案的通知》(苏政办发〔2019〕41 号)的要求,该企业针对企业轧钢车间加热炉烟气排放现状实施烟气净化工程,以降低企业生产过程中所排放烟气对环境的污染,坚持经济发展与环境保护并重原则,促进企业长久健康发展,符合企业发展规划。

该企业现有一期轧钢 4 套加热炉和二期轧钢 3 套加热炉。轧钢加热炉采用低氮燃烧技术,加热炉烟气中氮氧化物可满足达标排放浓度低于150 mg/Nm^{3}的要求。为实现环保超低排放的要求,该企业建设了 7 套轧钢加热炉煤烟和空烟脱硫装置。

现有轧钢加热炉均采用高炉煤气进行加热。一期一棒、二棒 2 套轧钢加热炉和二期 3 套轧钢加热炉的单套烟气量为煤烟约 69 000 Nm^3/h,空烟约 46 000 Nm^3/h;一期一高线、二高线 2 套轧钢加热炉的单套烟气量为煤烟约 46 000 Nm^3/h,空烟约 32 000 Nm^3/h。轧钢加热炉烟气排放温度(包括煤烟和空烟)≤150 ℃,烟气中 SO_2 平均浓度≤100 mg/Nm^3,最高值≤150 mg/Nm^3,颗粒物平均浓度≤20 mg/Nm^3,要求通过脱硫装置净化后烟气中 SO_2<40 mg/Nm^3,颗粒物<8 mg/Nm^3,满足环保达标排放要求。

②项目技术方案。轧钢加热炉烟气分为煤烟和空烟,采用钙基粒状干法脱硫技术进行脱硫除尘。轧钢加热炉煤烟和空烟自烟道取气口分别送至脱硫塔煤烟腔室和空烟腔室内,垂直穿过脱硫剂,脱硫剂与 SO_2发生化学反应,实现烟气脱硫。同时,利用脱硫剂颗粒层除尘。脱硫除尘后的烟气经引风机升压送至烟囱排放。

脱硫剂由电动葫芦送至脱硫塔顶部,在塔顶被注入塔内,并在脱硫塔内从上往下移动。使用一段时间后的脱硫剂通过塔底脱硫剂排出阀排出,然后打包定期运出工厂。脱硫工艺流程如图 4.18 所示。

轧钢加热炉采用 4.4.1 中所述的低氮燃烧技术工艺。

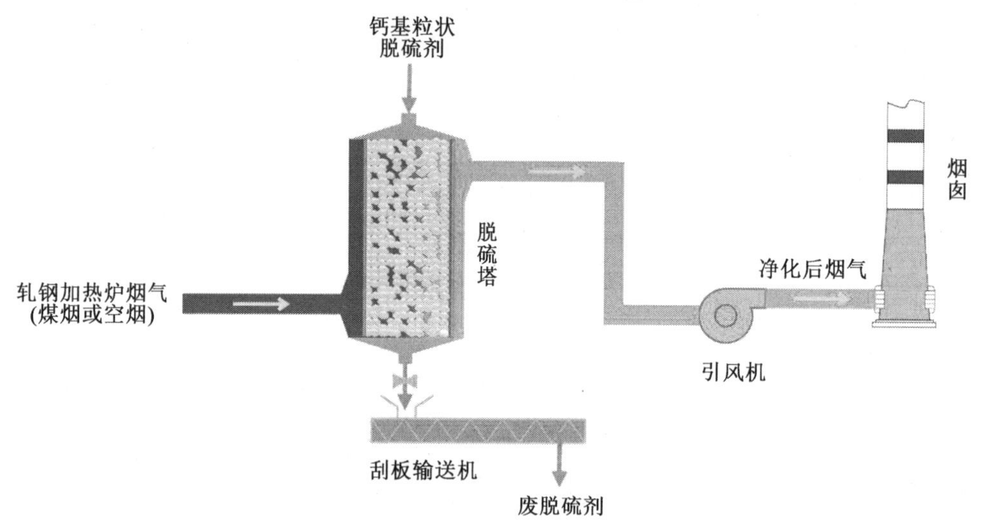

图 4.18　脱硫工艺流程

③项目实施内容。该企业 7 台轧钢加热炉均采用固定床烟气脱硫装置。每套轧钢加热炉烟气脱硫装置均由煤烟脱硫系统和空烟脱硫系统组成。脱硫系统主要包括脱硫剂供给和排出系统、脱硫塔、引风机和钢烟囱。

脱硫剂供给系统主要包含电动葫芦。新鲜脱硫剂吨包由电动葫芦吊至脱硫塔顶。考虑到煤烟含有少量的 CO,为减少空气进入煤烟,脱硫塔煤烟腔室入口设置进料斗、旋转阀和插板阀。而脱硫塔空烟腔室则直接装填新鲜脱硫剂。脱硫剂排出系统,使用后的脱硫剂经脱硫塔底部插板阀、旋转阀和刮板输送机排出后装包。

脱硫塔是脱除烟气中 SO_2的主体设备。脱硫剂床层为可移动床式固定床,脱硫剂通过重力作用自脱硫塔上部移至下部。加热炉烟气从脱硫塔剂层一侧进入,经剂层脱除 SO_2后,从脱硫塔剂层另一侧排出。为防止颗粒物附着并堵塞床层,各移动层的烟气入口侧的脱硫剂支持构造采用百叶窗构造。

根据颗粒层除尘的原理,脱硫塔的剂层有一定的除尘能力,可在入口颗粒物含量不高的前提下,保证装置出口颗粒物达标。

④项目应用效果。该企业轧钢加热炉烟气经钙基粒状干法脱硫后,达到了轧钢

加热炉烟气的 SO_2 和颗粒物超低排放的要求。

该企业轧钢加热炉烟气脱硫项目 2022 年 12 月建成以来运行稳定。第三方监测数据表明，空烟烟气含氧量为 8.7%，7 套处理装置共计处理烟气总量达 290 000 m^3/h，处理后烟气颗粒物、SO_2 和 NO_x 平均排放浓度分别为 4.9、9 和 18 mg/m^3；煤烟烟气含氧量为 6.0%，7 套处理装置处理烟气总量达 425 000 m^3/h，处理后烟气颗粒物、SO_2 和 NO_x 平均排放浓度分别为 0.5、12 和 35 mg/m^3。

5.技术适用性

通过采用可移动式固定床工艺，装置压降低，有利于节能降耗，同时能够充分利用脱硫剂的硫容，比常规的固定床干法脱硫工艺效率更高；采用粒状钙基脱硫剂，脱硫效率大于 95%，反应过程无温降，有利于保证排烟温度，同时具有颗粒床精除尘功能，不需要设置袋式除尘器；脱硫产物为中性物，属于一般固废，有利于进行资源化处理；机械设备数量少，操作简单，抗生产负荷和烟气波动能力强；装置设备数量少，布置灵活，最大限度减少设备占地和装置投资。

综上，可移动式固定床钙基粒状干法脱硫工艺在轧钢加热炉烟气脱硫领域具有很广泛的应用前景。

4.4.4　氧化吸收法脱硫脱硝工艺

1.技术工艺背景

近年来，全国范围内节能减排改造项目不断推进，SO_2、NO_x 和颗粒物的排放总量呈逐年下降趋势。截至 2017 年，SO_2 排放量下降到 875.4 万 t，NO_x 排放总量下降到 1 258.8 万 t，颗粒物排放量为 796.3 万 t，比 2013 年分别下降了 57.2%、43.5% 和 37.7%，减排效果显著。随着节能减排的推进和相关行业排放标准的提高，污染物治理难度增加，急需节能减排的优化以及新的节能减排技术的研发。

2.技术工艺概述

臭氧氧化燃烧烟气多种污染物一体化脱除技术利用臭氧的强氧化性将 NO 和 Hg 氧化，结合尾部洗涤塔实现 NO_x、SO_2 和 Hg 的一体化同时脱除，发生的化学反应方程式如(4.1)～(4.11)所示。该技术的工艺流程如图 4.19 所示，氧气进入臭氧发生器内通过介质阻挡放电方式产生臭氧，随后与空气混合后喷入烟道中，借助烟道反应器实现高效混合并反应，将 NO 氧化为 NO_2 或更高价态氮氧化物，Hg^0 氧化为 Hg^{2+} 等汞化合物，氧化后的烟气进入洗涤塔实现 SO_2、NO_x 和汞化合物的高效吸收，最终实现超低排放。其中氧气可由液氧直接提供，或者采用 VPSA 空分制氧的方式提供氧气。

臭氧氧化燃烧烟气多种污染物一体化脱除技术中包含的主要气相反应有

$$O_3+NO \longrightarrow NO_2+O_2 \tag{4.1}$$

$$O_3+NO_2 \longrightarrow NO_3+O_2 \tag{4.2}$$

$$NO_2+NO_3 \longrightarrow N_2O_5 \tag{4.3}$$

$$NO_2+NO_3 \longrightarrow O_2+NO+NO_2 \tag{4.4}$$

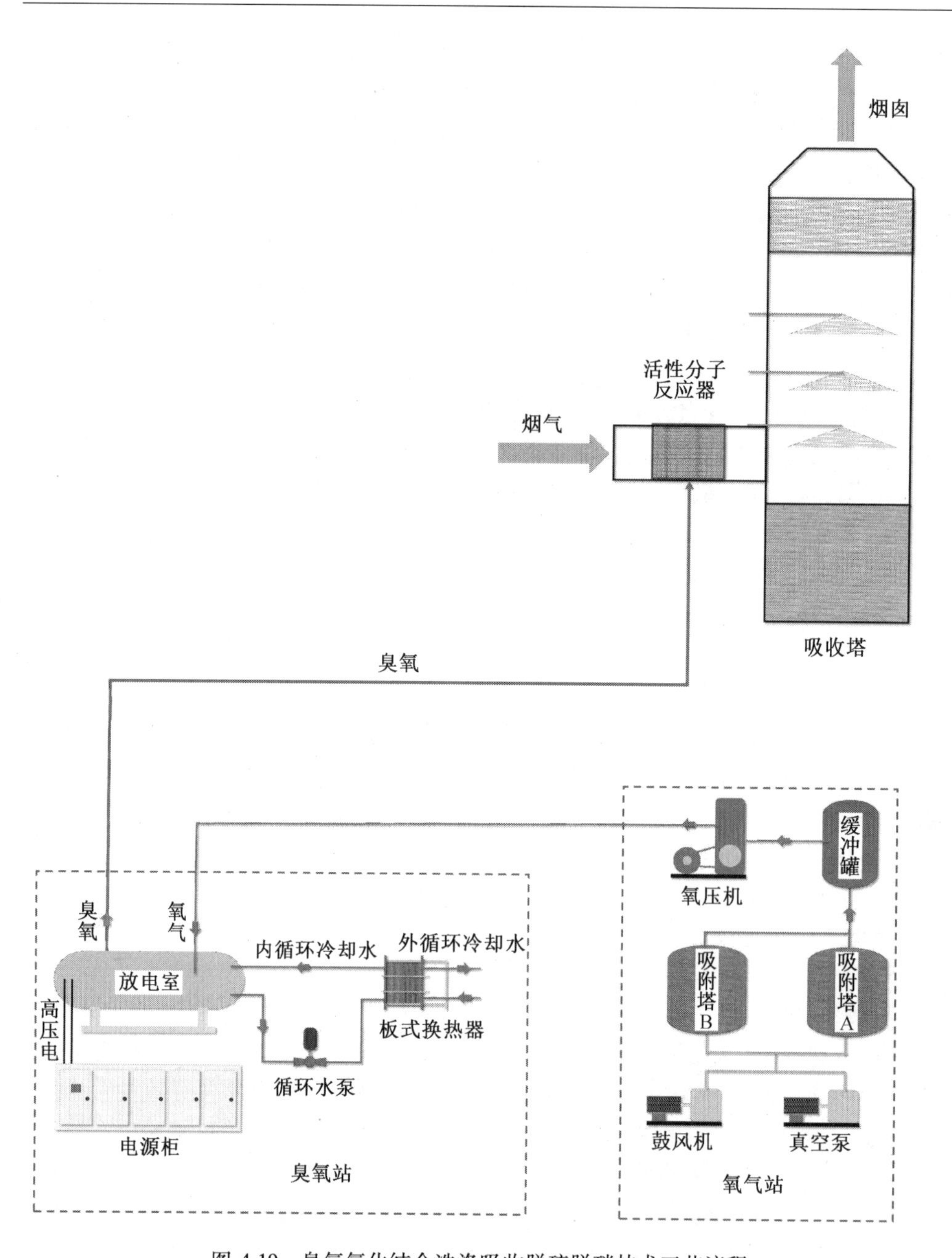

图 4.19　臭氧氧化结合洗涤吸收脱硫脱硝技术工艺流程

$$NO+NO_3 \longrightarrow 2NO_2 \tag{4.5}$$

$$O_3 \longrightarrow O+O_2 \tag{4.6}$$

$$O_3+SO_2 \longrightarrow SO_3+O_2 \tag{4.7}$$

$$O_3+Hg \longrightarrow HgO+O_2 \tag{4.8}$$

液相反应有

$$2NO_2+SO_3^{2-}+H_2O \longrightarrow 2NO_2^-+SO_4^{2-}+2H^+ \tag{4.9}$$

$$2NO_2+HSO_3^-+H_2O \longrightarrow 2NO_2^-+SO_4^{2-}+3H^+ \tag{4.10}$$

$$N_2O_5+H_2O \longrightarrow 2HNO_3 \tag{4.11}$$

相较于其他 NO_x脱除技术，臭氧氧化燃烧烟气多种污染物一体化脱除技术具有以下优势。

(1)能适应复杂的烟气条件和锅炉负荷的变化。

(2)结合脱硫系统进行吸收，对电厂现有设备的改造小，可以与其他技术结合以实现更高的污染物脱除效率。

(3)属于非氨法脱硝，对燃烧及设备运行无任何影响，且不会引起类似氨泄漏的二次污染。

(4)能够处理低温烟气，适用于大多数烟温较低的工业窑炉。

(5)能够实现 NO、Hg 等多种污染物的高效氧化吸收和多种污染物协同脱除，降低了工程投资和运行成本。

(6)最终副产物是氧气，无二次污染。

(7)产生的亚硝酸盐和硝酸盐产物可以通过回收实现资源化综合利用。

3.主要技术参数

臭氧氧化燃烧烟气多种污染物一体化脱除技术中臭氧/NO_x物质的量的比值是最为关键的参数之一，它直接关系到项目的投资和运行成本，一般取值为 1.0~2.0，与脱硝效率、氮氧化物初始浓度、烟气温度、吸收方式等相关。进入脱硝系统的烟气最佳反应温度为室温~130 ℃，高于最佳反应温度时需要在前端增加换热器进行降温处理。因高价态 NO_x较 SO_2更易溶于水，液气比要求更低，在存在脱硫塔时可直接使用不需要进行改造，在未建脱硫塔且无脱硫需求时，新建吸收塔喷淋层可减少为1~2 层。氧气可由液氧直接供给和 VPSA 空分制氧两种选择，因液氧运行成本较高，在锅炉运行稳定、NO_x浓度变化不大时，VPSA 空分制氧是最佳选择；需要频繁调节臭氧产量或启停一体化系统时，液氧调节简便快速的优势明显，在其他情况下，需要通过成本核算及控制便利性等因素进行比选。臭氧与烟气中的 NO_x在活性分子臭氧脱硝烟道反应器中发生反应，反应器布置在脱硫塔或吸收塔上游，离入口 5~20 m 处，烟气温度高时，需减少反应器与脱硫塔之间的距离。

活性分子臭氧脱硝烟道反应器是实现臭氧与烟气高效混合并反应的关键设备，主要包括活性分子臭氧分配及喷射装置和烟气扰流混合装置。活性分子臭氧分配及喷射装置由分配管道、喷枪、离心风机、混合反应器、调节阀、流量计、控制单元组成。喷枪位于反应器内部，喷口以一定的间距均匀分布在烟道截面上，采用网格状布置，相邻喷枪间距为 200~500 mm，并采用区域化的控制方式，即该区域内的喷枪连接至同一分配管道，由此分配管上的流量控制装置调节喷射流量，一个区域内统一控制的喷枪数量为 8~32 个。离心风机的作用是将空气混入到臭氧中，增加臭氧的喷射刚性，空气流量为臭氧氧气混合气流量的1~5倍。烟气扰流混合装置由圆形钢管制作成的格栅状结构，用于将臭氧与烟气扰流混合均匀，采用空心圆管，尺寸为DN80~DN150，每个格栅孔径为长宽200~500 mm（以格栅连接处中心点计算），与臭氧喷射装置距离为0.3~0.6 m，喷枪中心点位于格栅孔的中心。反应器压力损失为100~200 Pa，整个反应器装置使用316L、2205或更耐腐蚀的材质，防止臭氧及氧化产物的腐蚀。

4.主要应用案例及应用效果

（1）臭氧氧化燃烧烟气多种污染物一体化脱除技术在某发电公司的应用。

①工程简介。某发电公司1#~3#三台锅炉是额定蒸发量为220 t/h的煤粉炉，都是单锅筒、自然循环、集中下降管呈倒U型布置的固态排渣煤粉炉，采用正四角切向布置的角式煤粉燃烧器，其额定蒸发量为220 t/h，过热器出口工作压力为9.8 MPa，过热蒸汽温度为540 ℃，给水温度为215 ℃，排烟温度为142 ℃，锅炉效率达到91.53%。1#~5#锅炉尾部烟气汇合统一进入石灰石-石膏法脱硫塔内处理，共配备2个脱硫塔，按1#、2#锅炉共用一塔、3#~5#锅炉共用一塔设计，脱硫塔前总烟道为连通烟道并设有挡板门，运行时挡板门的开关可控制1#和2#锅炉烟气是否与3#~5#锅炉烟气混合再分配的形式进入脱硫塔。该公司1#~3#燃煤锅炉前期脱硝改造采用的是SNCR工艺技术，NO_x排放浓度降至200 mg/Nm^3（标态，干基，6% O_2，本案例中污染物数值均以此折算）以下。根据最新超低排放要求，NO_x排放浓度需要控制在50 mg/Nm^{3}以下。

②脱硝技术路线比选。项目围绕两个技术路线进行对比分析，技术路线一为独用SCR技术，舍弃原有SNCR设施，在上级省煤器和空预器之间布置2+1层催化剂，因锅炉老旧未预留空间，需新建SCR反应器，整体脱硝效率按85%设计。技术路线二为SNCR、SCR和臭氧脱硝联用，原有SNCR设施保留，在上级省煤器和空预器之间布置1层催化剂（正好留有1层催化剂空间），在脱硫前布置臭氧脱硝装置。首先由SNCR将NO_x降至200 mg/Nm^{3}以下，再经过SCR降至100 mg/Nm^{3}以下，最后由臭氧脱硝脱除NO_x至50 mg/Nm^{3}以下。考虑安全性问题，还原剂均采用尿素，因此独用的SCR技术路线需要增加尿素裂解装置。SNCR、SCR和臭氧脱硝联用技术路线中SCR使用的还原剂来自SNCR中未反应完的氨。从技术可行性及经济性两方面做了对比分析，技术可行性方面，因为SCR技术应用广泛且成熟度高，本身不存在问题，但由于此项目锅炉老旧，已有多次改造且资料丢失严重，省煤器和空预器改造工程量大，存在一定的风险。技术路线二中SNCR/SCR联用本身不存在问题，臭氧脱硝技术也有不少的工程案例，两个技术路线都是可行的；经济性方面，由于外置的SCR反应器改造费用高，技术路线一投资成本远高于技术路线二，关于折算设备寿命后的运行费用，技术路线一也高于技术路线二。因此，综合对比分析后项目采用SNCR、SCR和臭氧脱硝联用技术路线。

③臭氧脱硝工艺路线。该项目采用的臭氧脱硝工艺流程如图4.20所示，主要包

括制氧系统、臭氧制备系统、活性分子反应系统和脱硫系统。表4.6为本案例中臭氧脱硝工艺的设计参数及设备选型情况，三台锅炉设计烟气总量为840 000 Nm^3/h，臭氧脱硝系统入口即SCR出口设计最大NO_x浓度为100 mg/Nm^3，通过计算得到臭氧投加量，以此数值为基础选择臭氧发生器和空分制氧机型号。基于系统运行可靠性和经济性，该项目选用了4台90 kg/h臭氧发生器，其中1台作为备用。臭氧发生器需求的氧气量与臭氧产量成比例关系，此比例系数为1 kg臭氧需要8 Nm^3氧气，因此总的氧气需求量为2 880 Nm^3/h。因市场上常用的VPSA变压吸附空分制氧机产量为固定值，而臭氧发生器产量可以调节，所以该项目采取多余的氧气以排空形式处理，在综合分析锅炉夏季部分锅炉停用、冬季供热需求高等长期运行情况后选择2台1 120 Nm^3/h和1台560 Nm^3/h的VPSA空分制氧机的方案，配合臭氧发生器运行时经济性最佳。

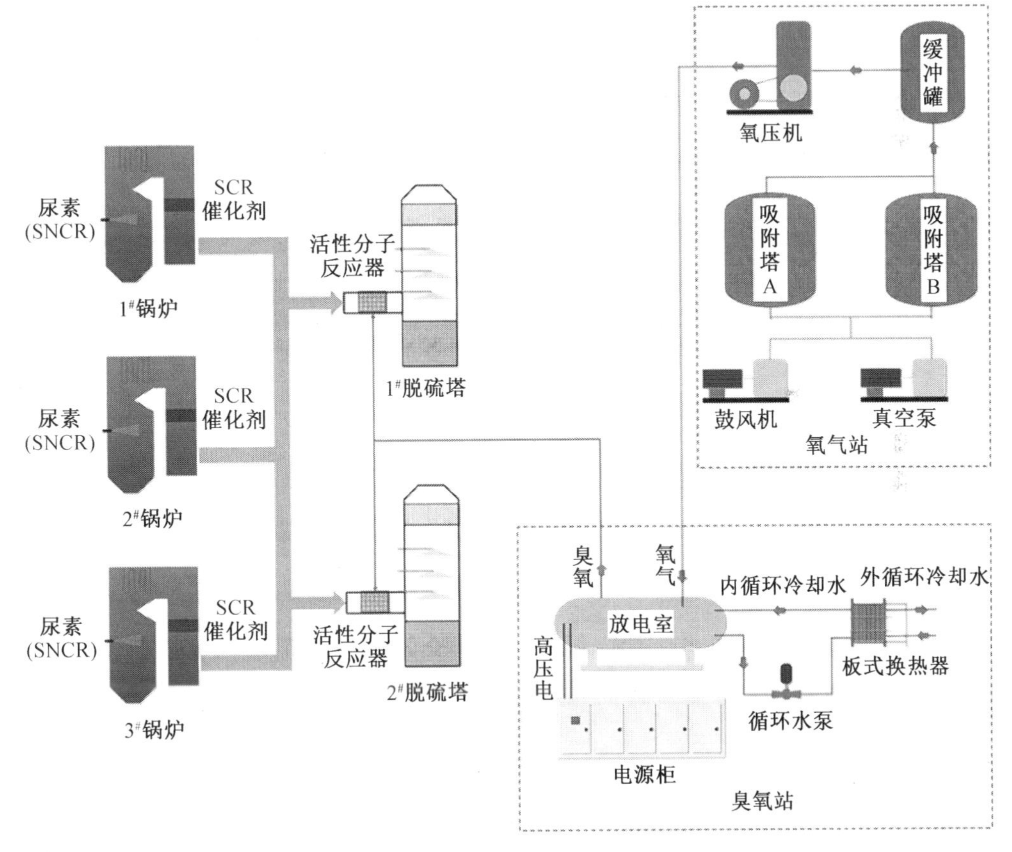

图4.20 案例一臭氧脱硝工艺流程图

表4.6 案例一臭氧脱硝工艺的设计参数及设备选型情况

项目	参数	备注
烟气量	840 000 Nm^3/h	干基，6% O_2折算

续表4.6

项目	参数	备注
臭氧脱硝系统入口最大 NO_x 浓度	100 mg/Nm^3	
空分制氧机选型	2×1 120 Nm^3/h,1×560 Nm^3/h	变压吸附空分制氧机
臭氧发生器选型	4×90 kg/h	管式臭氧发生器

④改造后 NO_x 排放及系统运行情况。图 4.21 所示为该项目 1#活性分子反应器所在线路上 NO_x 初始浓度为 160 mg/Nm^3、烟气流量为 250 000 Nm^3/h 的工况下 NO_x 脱除效率特性曲线。从图中可以发现 NO_x 的脱除效率曲线与实验室结果相似,随着 O_3/NO 物质的量的比值增加,NO_x 的脱除效率起初增长较慢,当物质的量的比值达到一定程度以后,NO_x 的脱除效率显著增加,最后在物质的量的比值大于一定值以后 NO_x 的脱除效率增长趋势减缓,这与 N_2O_5 的生成过程有关。结果显示,O_3/NO 物质的量的比值为 1.7 左右,NO_x 脱除效率在 84%左右,能满足将氮氧化物从 160 mg/Nm^3 降至 50 mg/Nm^3 以下的脱硝要求。同时也发现臭氧 NO_x 的脱除效率受系统进口 NO_x 浓度变化影响较小。图 4.22 所示为不同初始浓度下 NO_x 脱除效率随 O_3/NO 物质的量的比值变化的特性曲线。

图 4.23 所示为案例一长时间运行时脱硝排放口 NO_x 的排放情况,NO_x 浓度为小时均值,从图中可以发现,在 168 h 运行期间排放口 NO_x 浓度均能保证在 50 mg/Nm^3 以下,这与臭氧投加量调节反应迅速有关。当烟气量或臭氧脱硝系统进口 NO_x 浓度变化时,可以通过调节臭氧投加量来满足脱硝要求。图 4.24 所示为案例一的现场照片。

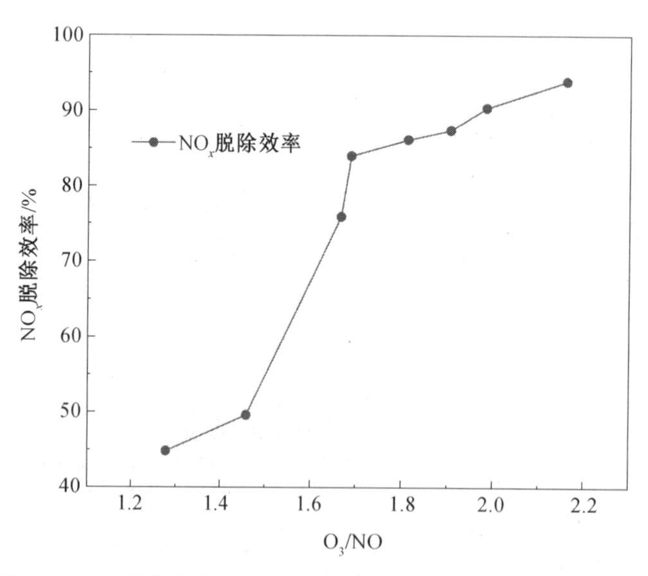

图 4.21　NO_x 脱除效率随 O_3/NO 物质的量的比值变化的特性曲线

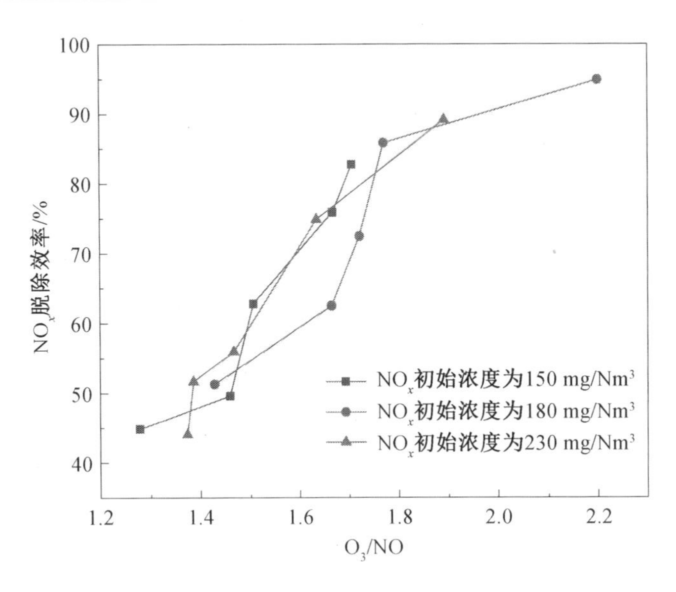

图 4.22 不同初始浓度下 NO_x 脱除效率随 O_3/NO 物质的量的比值变化的特性曲线

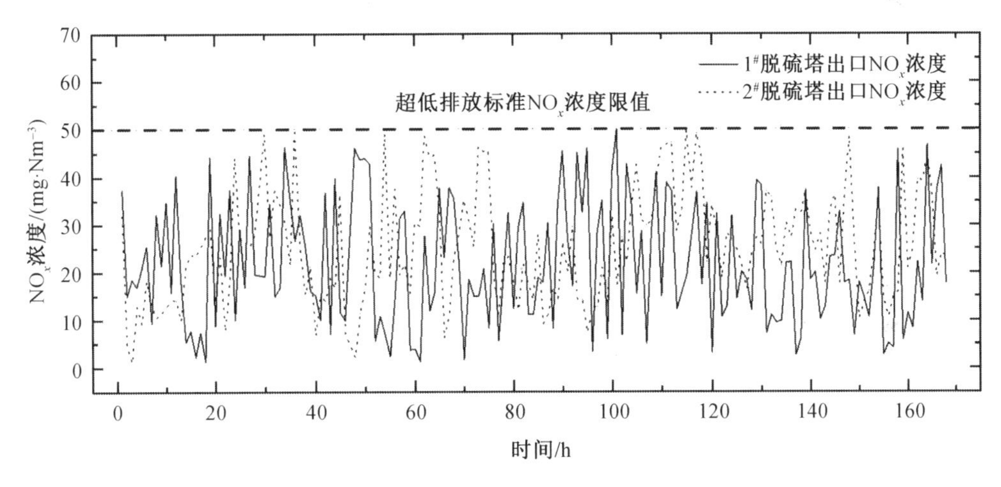

图 4.23 案例一长时间运行脱硝排放口 NO_x 排放情况

(2)臭氧氧化燃烧烟气多种污染物一体化脱除技术在某钢铁公司烧结机的应用。

①工程简介。某钢铁公司是集炼铁、烧结、焦化、炼钢、轧钢、发电于一体的钢铁联合企业,因地理位置离市区较近的特点,其率先进入了超低排放改造的行列。其中有1台198 m^2烧结机是该脱硝项目改造的目标,其满负荷烟气量约为75万 Nm^3/h,NO_x排放值为250 mg/Nm^3,尾部配置有SDA脱硫。改造后 NO_x 排放浓度小时均值< 50 mg/Nm^3。

②脱硝技术路线的选择。烧结机是钢铁生产的主要组成部分,是铁矿粉的烧结处理环节。由于烧结机内部在产品生产过程中不允许掺入其他杂质,虽然此过程中

(a) 臭氧发生器

(b) 变压吸附空分制氧机

图 4.24　案例一现场照片

包含符合 SNCR 脱硝技术的温度区间，但喷入的尿素或其他还原剂会影响生产工艺，因此 SNCR 脱硝技术不能使用。而烧结机出口烟气温度一般小于 200 ℃且含有大量的粉尘，因此低温 SCR 技术需要先除尘再升温，投资运行成本高。其他如活性炭吸附等技术也面临着投资运行成本高的问题。因臭氧氧化燃烧烟气多种污染物一体化脱除技术处理尾部烟气，可结合原有的 SDA 脱硫使用，因此技术路线可行，投资运行成本也较低。

③臭氧脱硝工艺路线。该项目结合 SDA 半干法脱硫工艺使用，工艺路线和设计参数如图 4.25 和表 4.7 所示，活性分子反应器布置在 SDA 脱硫塔前烟道上，臭氧发生器选用了 2 台 120 kg/h 和 1 台 80 kg/h，因成本受限的原因未配置备用臭氧发生器，在运行过程中如果臭氧发生器出现了故障，需通过降低烧结机产量来控制氮氧化物排放，虽然降低了备用机的成本，但系统稳定性较差。该项目因钢厂在生产过程中自产大量的氧气，使用成本比液氧以及 VPSA 空分制氧机路线都便宜，因此直接通过管道连接氧气站至臭氧脱硝系统。

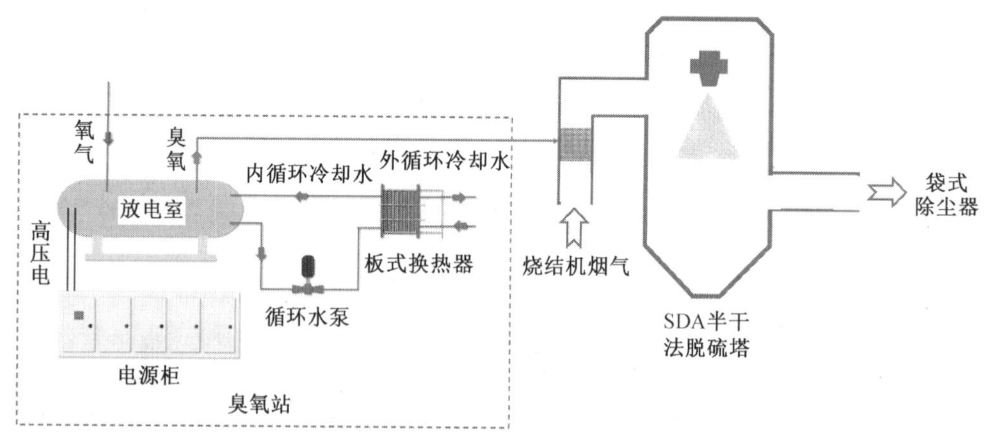

图 4.25　案例二臭氧脱硝工艺流程图

表 4.7　案例二臭氧脱硝工艺的设计参数及设备选型情况

项目	参数	备注
烟气量	750 000 Nm^3/h	干基,标况
臭氧脱硝入口最大 NO_x 浓度	250 mg/Nm^3	
臭氧发生器选型	(2×120+80) kg/h	管式臭氧发生器

④改造后 NO_x 排放及系统运行情况。图 4.26 所示为截取了该项目 120 h 长时间运行时烟囱出口 NO_x 的排放情况,此 NO_x 浓度为小时均值,目前小时均值也是环保局考察的指标。从图中可以发现运行时 NO_x 排放值波动较小,且均控制在 30 mg/Nm^3 以下。图 4.27 所示为案例二的现场照片。

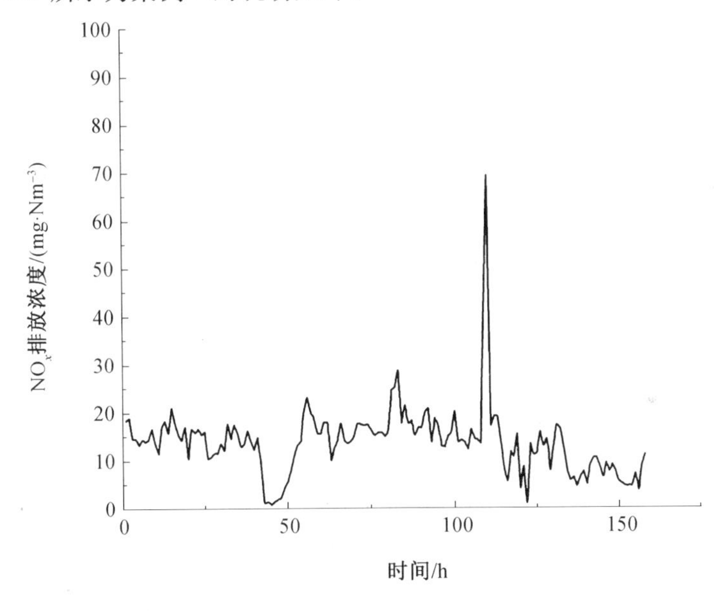

图 4.26　案例二长时间运行脱硫塔出口 NO_x 排放情况

(a) 臭氧发生器

(b) 冷却塔

(c) 活性分子反应器

图 4.27　案例二现场照片

5.技术适用性

臭氧氧化燃烧烟气多种污染物一体化脱除技术路线由于针对尾部低温烟气，改造简单、脱硝效率高，在工业锅炉、窑炉、特殊锅炉等这些传统脱硝技术不适用或投资成本运行高的烟气处理项目中表现优秀，目前在燃煤锅炉、炭黑干燥炉、钢铁烧结等领域应用较多，目前还没有关于轧钢热处理炉污染物治理案例的报道。该技术工艺适用湿法吸收或者半干法吸收，在脱硝的同时可脱除 Hg 等重金属污染物。对于已有湿法吸收设施、低氮燃烧或 SNCR/SCR 改造困难，或排烟温度低于 180 ℃的轧钢加热炉，或 NO_x超标不显著的其他轧钢热处理炉，可应用该技术工艺。

该技术虽然脱除效率较高，但是与 SCR 和 SNCR 不同的是，其工艺系统的投资运行成本与 NO_x的初始浓度及烟气量成线性关系。因此，在初始浓度高、烟气量大的项目中，经济性是限制该技术的首要因素。

第5章　环境经济效益分析

5.1　技术效益分析

通过采用深度治理技术进行脱硫、脱氮、除尘等，可以减少轧钢热处理炉污染物排放、提高产品质量、提高设备效率、降低能耗和成本、提升企业形象等，从而实现全面的技术效益。以山东某钢铁公司为例，采用除尘+活性焦脱硫脱硝一体化后，颗粒物、SO_2、NO_x浓度可以分别达到10 mg/m^3、35 mg/m^{3}和100 mg/m^{3}以下，环保设施建设投资约1亿元，年运行费用3 000万元左右。另外，河北省钢铁企业也正在改造之中，有些已初步改造完成，NO_x浓度可以达到50 mg/m^{3}以下，但长期运行效果还有待验证。

1.减少大气污染物排放

热处理炉排放的污染物种类繁多，其中包括硫化物、NO_x、颗粒物等。深度治理技术可以通过控制有害气体的排放浓度、减少固体废弃物的生成、优化能源利用效率等手段减少大气污染物排放，实现环保目标。

(1)采用深度治理技术可以通过废气、除尘、脱硫脱硝等手段，控制有害气体的排放浓度，从而减少大气污染物的排放。

(2)传统的热处理炉治理方式中，会产生大量的钢渣、灰渣等固体废弃物，需要耗费大量资源进行处理。而采用深度治理技术可以降低废气排放浓度和固体废弃物的生成，从而减少对环境的影响。

(3)传统的热处理炉治理方式中大量的高温废气未被充分利用，造成了能源的浪费。采用深度治理技术可充分利用排放的高温废气，从而实现节能减排。

2.可提高产品质量

热处理炉排放的污染物不仅会对环境造成影响，还会降低生产的产品质量。通过采用深度治理技术，优化工艺参数、降低氧化和表面缺陷等手段可以降低烟气中的有害物质含量，提高产品质量水平，同时提高产品稳定性和一致性，满足产品质量的高要求。

(1)采用深度治理技术可以对热处理过程中的工艺参数进行精确控制，例如加热温度、保温时间、冷却速率等,从而改善产品的组织结构和性能。通过精细调节冷却速率,可以使钢材的相变组织得到优化,从而提高产品的强度和韧性。

(2)传统的热处理炉治理方式中,由于存在大量的有害气体排放,易引起钢材表面氧化和其他缺陷,影响产品质量。采用深度治理技术可以有效减少 NO_x 等有害气体的排放浓度,降低钢材表面氧化和其他缺陷发生的概率,从而提高产品的外观质量和整体质量水平。

(3)采用深度治理技术可以对热处理炉内的工艺流程进行精细化管理,确保每一批产品的工艺参数和处理结果都具有稳定性和一致性,从而提高产品质量的可靠性和稳定性。

3.降低能耗和成本

轧钢热处理炉污染物深度治理技术可以通过废气余热回收、优化工艺流程等手段降低能耗和成本,提高经济效益。

(1)传统的热处理炉污染物治理方式主要是采用简单的除尘和脱硫技术,无法将废气中的热能充分利用,浪费了很多能源资源。而污染物深度治理技术则可以通过废气余热回收装置,将排放的高温废气中的热能转化为电力或蒸汽等形式,减少能源消耗,从而降低能耗和成本。

(2)传统的热处理炉污染物治理方式需要投入大量的设备和人力资源,治理成本高昂。而采用污染物深度治理技术,可以有效降低热处理过程中产生的 NO_x、SO_2 等有害气体排放浓度,从而使达到环保排放标准的成本降低,节省治理成本。

(3)采用污染物深度治理技术可以对炉内的工艺参数进行精细控制,优化工艺流程,降低能耗和成本。例如,在炉内加入适量的还原剂,可以降低加热温度,缩短热处理时间,减少能源消耗和生产成本。传统的热处理炉治理方式中产生大量高温废气和固体废渣,处理费用较高。而采用深度治理技术,可以有效地降低废气排放浓度,减少固体废渣的生成,降低废渣处理费用。

5.2 经济效益分析

钢铁企业超低排放限值全面实施后,通过污染物深度治理技术,企业可以降低成本、提高产出率和利润空间,进一步加大治理力度,还有利于淘汰落后工艺和产能,促进清洁化生产,优化产业结构和产业布局。同时能够促进新的生产技术、治理技术和新兴产业的发展,提高区域竞争力,推动区域经济发展,实现全面的经济效益。因此,企业应该积极推进污染深度治理工作,不断引入新的技术手段,提高企业的环保水平,以适应市场的需求和发展趋势,从而实现长期稳定的经济发展和社会效益。

1.可降低成本

虽然深度治理技术的投资成本较高，但其长期运营成本则较低。采用深度治理技术，不仅可以降低能源消耗，还能够减少外部治理成本和社会负担。

（1）优化能源利用效率。传统的加热炉中，存在大量的能量浪费和废气排放，造成了能源资源的浪费。而采用深度治理技术，通过废气余热回收装置、能量回收系统等手段将排放的高温废气中的热能转化为电力或蒸汽等形式，进一步提高能源利用效率，减少能源消耗，从而降低运行成本。

（2）减少物料损失。采用深度治理技术，可以对热处理过程进行精确控制，避免出现钢材变形、表面裂纹等问题，从而减少钢材的损失，降低加热炉运行成本。

（3）延长设备使用寿命。传统的加热炉，由于排放的有害气体和固体废弃物的影响，加热炉设备易出现腐蚀、损坏等问题，导致设备寿命缩短。而污染物的深度治理技术，可以通过除尘设备、脱硫装置以及联合应用等手段降低有害气体排放浓度，减少对设备的腐蚀影响，同时通过废气余热回收装置等措施优化设备运行状态，延长设备使用寿命，降低加热炉维护成本。

2.技术更新可提高产出率和利润

随着科技进步，热处理设备的技术也在不断更新。采用新型热处理设备，如高效节能的燃烧系统、废气净化设备等，可以淘汰落后工艺和产能，促进清洁化生产，提高生产效率，增加产出率和利润空间。

3.优化产业结构和产业布局

污染物深度治理技术的应用需要相关环保设备和材料，推动了环保产业的发展，促进了产业结构的优化。例如，烟气脱硫、除尘等设备的需求增加，推动了环保设备制造业的发展。为了实现污染物深度治理，需要不断研发和应用新的治理技术和设备，促进了技术创新和升级，推动了产业结构的优化。例如，低氮燃烧、SCR 技术等的应用促进了相关研究和开发。

污染物深度治理技术的应用需要企业具备相关技术和设备，推动了企业向环保技术和装备的研发和生产转型，有助于提升企业的竞争力，优化产业布局。多环节协同配合，如设备制造、运维和技术支持等，也促进了区域内相关企业的合作与协同发展，优化了产业布局。此外，对资源进行高效利用，包括能源、原材料和废物的回收利用等，促进了资源的集约化利用。

4.提升企业形象

随着社会环保意识的不断增强，企业的环保形象也日益重要。通过深度治理技术的运用，企业可以达到国家和地方的环境标准，减少对环境造成的影响，并向公众展示自身的环保形象，提升企业的美誉度、信誉度以及竞争力，提升企业的可持续发展能力。

5.提高区域竞争力，推动经济发展

当一个区域拥有了先进的污染物深度治理技术，就能够吸引更多的环保企业、研发机构和人才落户，形成环保产业集群，提升区域的环保产业竞争力。同时相关的环保设备制造和维护服务可以提供就业机会，增加就业岗位；环保技术的研发和应用可以带动相关产业链条的发展，形成产业集聚效应。此外，拥有先进的污染物深度治理技术，区域在环保方面的形象和吸引力会得到提升，有助于吸引更多的投资、人才和资源流入，促进新的生产技术、治理技术和新兴产业的发展，提高区域竞争力，推动区域经济发展。

5.3 社会效益分析

通过钢铁企业超低排放标准的实施，轧钢热处理炉污染物深度治理技术进一步发展，倒逼企业加强污染治理，促进大气环境质量的持续改善，可以有效改善周边环境质量、促进生态文明建设和绿色发展、提升职工健康和生产安全、推动环保产业发展和就业增长等，可不断满足人们日益增长的美好生活环境的需要，将达到较好的社会效益。

1.深度治理可改善周边环境质量

热处理炉污染是一种常见的环境问题，其排放的废气、废水和固体废物都会对周边环境造成不利影响，包括空气污染、水体污染、土壤污染等。而采用深度治理技术，可以有效减少污染物排放，达到环境保护的目的，同时改善周边环境质量。

2.促进生态文明建设和绿色发展

随着中国生态文明建设的推进，企业应树立绿色发展理念，积极履行社会责任。深度治理热处理炉污染，可以减轻环境压力，提高资源利用效率，推动节能减排，有助于促进生态文明建设和绿色发展。

3.提升职工健康和生产安全

热处理炉排放的废气、废水和固体废物含有大量有害物质，对职工的身体健康和生产安全造成威胁。而深度治理热处理炉污染，可以降低职工接触有害物质的风险，提升职工的身体健康和生产安全，比如加装高效除尘器可以有效地减少车间内空气中粉尘的浓度，改善工人的工作环境，降低职业健康风险。

4.推动环保产业发展和就业增长

随着环保意识的不断提高，环保产业也日益发展壮大。深度治理热处理炉污染，需要投入一定的资金和人力，为相关企业和从业者带来了新的机遇和就业岗位。同时，也会推动环保产业和技术的进一步发展。

5.4 环境效益分析

轧钢热处理炉的污染物深度治理技术，既可以减少污染物排放，改善大气、水质环境，又可以节省资源、减少环境风险，实现全面的环境效益。以山东省和江苏省为例，山东省钢铁企业超低排放限值全面实施后，进行污染物深度处理，颗粒物将较现行标准减排67%，SO_2减排65%，NO_x减排83%，环境效益明显，将为进一步改善环境空气质量，实现大气污染防治目标提供有力保障。江苏省钢铁企业全面实施减排标准后，进行污染物深度处理，以烧结机为例，颗粒物将较现行标准减排60%，SO_2减排65%，NO_x减排80%，全工序主要大气污染物外排浓度较现行标准收严30%～90%。多措并举，实现全省钢铁企业环保排放绩效与管理水平的大幅提升，具有明显的环境效益。参考钢铁排污许可申请与核发技术规范中基准烟气量，全省钢铁工业测算颗粒物减排比例为49.9%，SO_2、NO_x减排比例均为46%，将为进一步改善环境空气质量，实现全省大气污染防治目标提供保障。

1.减少污染物排放

热处理炉排放的污染物种类繁多，如CO_2、CO、NO_x、VOCs等，对环境和人体健康造成危害。采用深度治理技术，如废气净化、颗粒物收集、余热回收等措施，可以有效地降低这些污染物的排放量。

2.改善大气环境

轧钢热处理炉的排放会对周围环境造成影响，污染空气。而采用深度治理技术，如安装高效除尘装置和脱硝脱硫设备等，则可以有效地减少废气中的有害物质含量，改善周边环境的空气质量，并保护生态系统的健康。

3.可节省资源

废弃热能的回收利用，可以减少原材料的消耗。采用新型热处理设备，如高效节能的燃烧系统、废气净化设备等，可以提高能源利用率，减少资源浪费。

4.可减少环境风险

污染物排放对环境带来的风险不仅直接威胁到人们的身体健康，还可能对生态系统造成毁坏性影响。通过深度治理技术的运用，企业可以降低对周边环境的影响，保护周围植被和动物，减少环境风险并保护生态系统的稳定。

第 6 章　发展趋势

钢铁材料是国民经济重要的原材料之一，是象征一个国家工业文明和经济实力的重要标志之一。虽然现在出现了许多新型材料，但是钢铁材料作为各国经济建设最重要的结构材料和使用量最大的功能材料的地位仍然没有改变。近年来，我国钢铁产量、出口量和消费量均居世界第一。然而，在快速发展的同时，该行业也是大气污染的重要排放源之一，钢铁生产过程中需要消耗大量的资源和能源，同时排放大量的污染物，在废物排放结构（固体废物、废气和废水）中，大气污染物排放最多，吨钢排放废气 44.7 t，占废物排放总量的 88.2%。我国钢铁工业主要大气污染物排放量占工业总排放量的 7.35%左右，我国钢铁工业发展面临着严峻的减排任务，尤其是在钢铁产业相对集中的地区。近年来，我国采取了一系列措施来降低钢铁企业污染物排放，也取得了显著效果，钢铁企业污染物排放正在逐渐减少。特别是在轧钢工序热处理炉污染物治理等方面，研发出了多种治理工艺，如采用高效除尘器、脱硫脱硝装置等技术手段，可以显著降低热处理工序中产生的颗粒物、SO_2、NO_x 等有害气体的排放浓度。

虽然污染物深度治理技术取得了一定的成果，但其推广应用依然存在突出问题，未来仍面临诸多挑战，需要加强监管力度，推进技术创新，引导企业加快绿色转型，减少对环境的不良影响。

6.1　影响深度治理技术推广应用的科技问题

近几年在轧钢工序生产中，虽然深度治理技术已经初步应用，但仍存在一些科技问题需要解决，以更好地推广应用该技术。在此过程中，需要加强相关研究，充分利用现有的技术和资源，不断推动技术创新和进步。

1.技术成熟度不高

尽管轧钢热处理炉污染物的深度治理技术在不断发展和成熟，但仍有部分环节技术并不成熟，在实际应用过程中仍然存在很大的局限性，阻碍了钢铁企业全面达到超低排放的要求。比如在高炉煤气精脱硫等环节中，存在复杂的反应机理、高温高压等特殊工况，使得这些排污环节的治理难点十分突出。在处理高浓度废气方面，传统的吸附、吸附催化等常规技术难以实现高效处理，而新型的光催化和等离子体技术等还需要进一步完善。目前，虽然已经有一些相关技术正在研究和应用中，如湿法烟气脱硫技术、活性炭/活性焦脱硝技术等,但仍未形成典型可行的技术方案。

2.现有技术路线缺乏引导

对于轧钢热处理炉的污染物深度治理改造,部分重点地区改造进度较快,目前,虽然大部分企业采用了SCR工艺或活性炭工艺,但也有少数企业采用了各种“独家专利”的工艺路线。与成熟的活性炭和SCR工艺相比,这些工艺路线在达标稳定性、二次污染等方面存在不足,大面积采用这些工艺路线,有可能出现类似烧结烟气脱硫初期的无序乱象,不利于规范钢铁行业超低排放。这些因素都给污染物深度治理技术的推广应用带来了不小的困难。

3.技术成本高

在钢铁生产过程中,轧钢热处理炉污染物的深度治理技术通常需要较高的设备投资和运营成本,这对于大中型企业来说可能是一个很大的负担,使得技术推广和应用变得困难。钢铁行业生产规模较大,通常需要使用大量的污染治理设备以达到超低排放要求,并且这些设备在长期运行中需要进行维护和更新,因此企业的投入成本也就越高。同时,在投入较大的情况下,企业也需面临更高的经济风险和压力。这些因素都会限制企业采用深度治理技术的积极性和主动性。

4.治理效果难以评估

不同钢铁企业的生产工艺、设备配置和排放方式等都存在较大差异,这使得开展轧钢热处理炉污染物排放深度治理技术的效果评估变得更加复杂。由于缺乏有效的监测手段和数据比对体系,很难对轧钢热处理炉的污染物排放进行准确的分析和评估。环境因素如温度、湿度等对污染物排放有着重要的影响,而这些因素是无法完全控制的,从而在评估过程中面临很大困难。

5.环境管理软实力不足

环境管理能力建设是钢铁企业实现污染物深度治理面临的重大挑战。虽然引进先进的技术和装备可以提升企业的环保绩效水平,但单纯的硬件投入往往无法实现预期的理想效果,这是因为缺乏先进的管理模式和绩效考核手段的支撑,导致企业在实施污染物深度治理时遇到诸多问题。目前,多数钢铁企业设有独立的环保管理部门,但未形成完善的环保三级管理体系。专职环保管理人员较少,缺乏充分的环保意识和责任感,未能在公司层面体现环保“一票否决”的重要性。这使得企业难以高效贯彻执行环保战略和政策。同时,由于环境监测能力薄弱,多数企业主要依靠末端在线监控及环保设施点检来进行环保监管。信息化智能化水平较低,个别单位存在自动监测弄虚作假的问题,导致对企业的真实污染情况缺乏全面、准确的了解。

6.2　发展趋势预测

2005年以来,我国陆续颁布了系列钢铁工业超低排放的政策法规,钢铁企业逐步推进淘汰落后产能、尾气末端治理以及节能环保先进技术等,污染物排放量在逐年下降，随着我国超低排放工作的持续推进，未来钢铁工业大气污染物排放量将不断降低。

根据《关于推进钢铁行业超低排放的意见》，到2025年底前，我国重点区域钢铁企业超低排放改造基本完成，全国力争80%以上产能完成改造。目前，国内钢企环保水平差距仍然较大，已公示企业产能距离2025年完成80%产能改造的目标还有较大差距。因此，“十四五”期间，我国钢铁行业推进大气污染物治理任务艰巨，超低排放工作仍是重点，坚持方向不变、力度不减，钢铁行业超低排放改造仍将是重要抓手。

1.政策发展趋势

生态环境部制定了《关于做好钢铁企业超低排放评估监测工作的通知》（环大气〔2019〕922号），同时要求中国钢铁工业协会网站进行公示，公示名单接受社会监督，进行动态更新。超低排放改造的推进不仅使得钢铁行业排放标准进一步收严而且治理方向也更加明确，对企业的环保管理水平也提出了更高的要求。“十四五”期间，既是重点区域钢铁企业超低排放的收尾阶段，又是其他区域钢铁企业推行超低排放改造的重要阶段。同时，行业排放标准也将同步修订，与超低排放衔接，依法管理。

此外，环保督察将逐步走向规范化、常态化和制度化，一是督察的目标更加具体、严格；二是督察更加精准化、规范化，各项政策制定和执行环环相扣，形成协同效应，而大数据、云计算、移动互联网等信息化手段的运用，也会促使执法手段更加精细化和便捷化。因此，企业的环保问题将会全面暴露，对企业环保治理工作提出了更高的挑战。

政府在轧钢热处理炉污染物深度治理技术方面的政策将不断发展和完善。首先，政府将继续加强对环保设备和技术的支持，推动企业采用更为先进、智能化、自动化的治污设备和技术。其次，政府将促进清洁热能的使用，以减少传统能源的消耗，并通过清洁能源发电来实现碳排放的减少。再次，政府将推广智慧工厂建设，利用人工智能、物联网和大数据等技术进行环保监测和管理，以提高生产效率和减少污染物排放。最后，政府将继续加强环境监管，推动行业排放标准和技术规范的修订和升级，以适应国内外环保要求的不断提高。总之，未来政策方面对于轧钢热处理炉污染物深度治理技术的发展趋势将更加注重环保效益、资源利用和产业转型升级。企业需要及时关注政策变化，积极采取有效措施，实现可持续发展。同时，政府将对钢铁行业超低排放污染治理进行更加精准化、规范化的督查，企业需要严格遵守环保要求，落实好治污措施，以满足国家环保要求。

2.技术发展趋势

近几年来，随着部分钢铁企业开展超低排放改造，钢铁行业轧钢热处理炉主要污染物的深度治理技术有了较大的发展，开发了“清洁低氮燃烧技术”“SDS脱硫+袋式/电袋复合除尘+中低温SCR脱硝技术”“固定床脱硫+SCR脱硝工艺”以及“氧化吸收法脱硫脱硝一体化工艺”等技术，为钢铁行业超低排放改造提供强有力的技术支撑。但是，依然存在治理难点，没有典型可行技术，阻碍了钢铁企业全面达到超低排放的要求。随着超低排放的持续推进，通过对目前各企业实际发现的难点开展专项研究，也将逐步攻克各项技术难点，从而形成较成熟的污染物深度治理技术路线。

轧钢热处理炉污染物深度治理的技术发展趋势主要有以下几个方面。

(1)湿法控制技术向干法控制技术发展。

由于钢铁企业烟气和粉尘的多样性和复杂性，过去往往采用湿法除尘措施，存在除尘效率较低、废水二次污染问题。随着国家对环保要求的日益严格和建设节约型社会的需要，湿法除尘逐渐向干法除尘发展。钢铁行业脱硫技术呈现多样化的特征，湿法脱硫技术较为成熟，应用广泛，但存在设备腐蚀、副产物二次污染的问题，近几年全国建成和在建的脱硫装置中半干法和干法脱硫比例有所上升，与湿法脱硫相比，大多数半干法或干法系统简单，占地面积小，适合我国钢铁企业狭小的安装空间，无废水排出，脱硫副产物易于处理，活性炭干法除尘的副产物为硫酸，实现烟气中硫资源的回收利用。

(2)单一污染物控制向多污染物协同治理发展。

在建污染物控制工艺需要预留拓展的空间，以及在选择烟气处理工艺时，需要考虑同时减排细颗粒物粉尘、SO_2、NO_x等多污染物协同治理技术。

目前，我国在加热炉烟气的颗粒物、SO_2、NO_x协同治理技术与装备方面尚存在不足。据初步估计，全国有5 000多台规模以上的轧钢加热炉需要新建或改造烟气净化装置，这为技术应用提供了广阔的前景。通过轧钢加热炉烟气脱硫脱硝除尘协同治理技术，能够有效降低钢铁行业烟气颗粒物、SO_2、NO_x的排放，实现超低排放控制和总量控制，同时为改善城市空气质量提供了技术和装备支持。这项技术不仅具有良好的经济效益和社会效益，而且能够改善钢铁企业和相应工业区的环境和空气质量，提升城市的文明形象，促进钢铁企业朝着绿色发展的方向迈进。

(3)末端控制向源头、过程控制发展。

我国钢铁行业污染物末端治理技术是主要的控制手段，可有效减缓钢铁生产过程对环境的污染和破坏，但随着工业化进程的加快，末端治理处理的污染物种类趋多，设施投资及运行费用高，导致生产成本上升，而污染物处理过程往往会产生新的副产物，不能从根源上消除污染物。随着治理力度的增加，未来末端治理技术的空间会越来越小，钢铁行业污染物减排还应该从工艺过程入手，重视污染物源头与过程控制技术的研发和应用，从根本上解决污染物排放的问题。

(4)污染物控制与节能、资源利用相结合。

钢铁工业遵循循环经济和建设节约型社会的原则，所采用的环保设备必须低能耗高效率，在技术开发上，实现污染物脱除效率提高的同时，使系统高效节能运行，充分利用生产过程产生的余热及废弃物，最大限度地降低污染物脱除过程中能源、资源的消耗，延长行业产业链，从生产全过程控制节能，减少污染物排放。

(5)智能化、信息化和数字化技术应用。

智能化、信息化和数字化技术正在改变传统污染物深度治理技术的运行方式,使其更加高效、可靠和智能化。例如,基于人工智能技术的在线监测系统,可以自动识别故障并提供解决方案,提高了设备运行的稳定性和可靠性。

(6)绿色、低碳、循环经济思想的应用。

随着全球环境问题日益凸显,绿色、低碳、循环经济思想将成为未来污染物深度治理技术的重要发展方向。将废弃物转化为资源,实现资源的最大化利用,是未来污染物深度治理技术的关键。

(7)多元化、组合化的技术方案。

不同的污染源具有不同的特点和污染物组成,因此需要采用多种治理技术进行综合治理。未来污染物深度治理技术将更加多元化、组合化,通过不同技术的优势互补,实现更加高效的治理效果。

(8)前沿技术的应用。

前沿技术包括光催化、等离子体技术、纳米材料技术等,具有高效、节能、环保的特点,是未来污染物深度治理技术的发展方向之一。这些技术可以通过提高反应速率和降低能源消耗,极大地提高治理效率并减少对环境的影响。

(9)系统化管理模式的应用。

未来污染物深度治理技术将更多地关注企业管理的全过程,通过建立系统化的管理模式以及完善的数据监测和评估体系,从源头上控制污染排放,提高企业的环保意识和责任感。

6.3 相关建议

我国钢铁工业正处于转型发展的重要战略机遇期,行业废气污染控制不是一个简单的末端治理问题。对于钢铁行业大气污染控制,首先,废气污染物控制种类要从目前主要对烟(粉)尘及SO_2的控制尽快转变到应对复合型污染及NO_x、重金属等污染物的控制上来;其次,废气污染控制方式须在行业结构调整、转型发展的过程中,综合考虑行业各种要求系统整体推进,加大力度淘汰落后产能,合理规划和利用环境资源,调整产业布局;结合行业技术加快升级,优化和提高资源能源利用效率,注重污染物的前端和过程控制,减少废气总量的排放,强化末端治理及协同控制的关键技术开发及示范应用,根据企业现状,分区域、分阶段稳步推进钢铁行业绿色发展。

1.淘汰落后产能,产业布局调整

(1)淘汰落后产能。

淘汰落后产能,是推动产业转型发展、打好污染防治攻坚战的重要举措。近期,全国多省市出台政策部署钢铁行业落后产能退出工作,例如,2023 年 4 月 21 日,广东省淘汰落后产能工作协调小组发布《广东省 2023 年推动落后产能退出工作方案》;2023 年 5 月 4 日,重庆市经济和信息化委员会发布《关于印发重庆市 2023 年利用综合标准依法依规推动落后产能退出工作实施方案的通知》;2023 年 5 月 5 日,黑龙江省淘汰落后产能工作协调小组办公室印发《2023 年度黑龙江省淘汰落后产能工作方案》;2023 年 5 月 16 日,河南省淘汰落后产能工作领导小组办公室印发《河南省淘汰落后产能综合标准体系(2023 年)》;2023 年 5 月 23 日,江门市工业和信息化局发布《关于印发〈江门市 2023 年推动落后产能退出工作计划〉的通知》。钢铁行业的落后产能出清,不仅关系着企业自身的绿色可持续发展,而且影响着我国超低排放目标的实现,只有坚定淘汰落后产能,才能为高端产业的发展腾出空间,为钢铁行业的高质量发展奠定基础。

通过完善综合标准体系,严格常态化执法和强制性标准实施,落实部门联动和地方责任,深入推进市场化、法治化、常态化工作机制,依法依规淘汰不符合绿色低碳转型发展要求的落后工艺技术和生产装置。对能效在基准水平以下,且难以在规定时限通过改造升级达到基准水平以上的产能,通过市场化方式、法治化手段推动其加快退出。

对达不到国家能耗标准的产能,按国家要求限期整改,逾期未整改或经整改仍未达标的,依法关停退出。对国家明令淘汰的高耗能、高耗水设备(产品、工艺、技术、装备)按国家规定予以淘汰。结合节能监察,督促企业依法依规淘汰老旧落后产品设备。

《工业重点领域能效标杆水平和基准水平(2023 年)》已发布,钢铁超低排放改造也已列入国家"十四五"102 项重大工程,纳入了污染防治攻坚战考核。截至 2023 年 7 月 7 日,全国已累计 64 家企业 3.3 亿 t 粗钢产能完成全流程超低排放改造并公示,超过 200 家企业 4.5 亿 t 粗钢产能完成重点工程改造,未来还会有更多企业加入此行列,充分释放工艺装备、环保绩效、能效水平高的先进产能,压减低效、落后、高排放产能,实现钢铁行业稳增长、绿色低碳高质量发展和环境空气质量持续改善多赢。

(2)产业布局调整。

中国钢铁工业未来的发展要处理"好不好""高质量"等问题,首先要解决"生产力布局"不平衡不充分的问题,科学布局成为新时代钢铁工业发展的前进方向。

随着中国经济的发展,特别是近年来供给侧结构性改革的持续深入,中国钢铁产业正发生深刻变化,并在产业布局上呈现一些新特点,北方的钢厂正逐步向南方地区转移,内陆钢厂逐渐向沿海转移。但仍存在"北钢南运"、城市钢厂影响城市发展、环境敏感区域钢铁企业、资源型钢厂资源枯竭等诸多问题。优化产业布局是解决上述问题、提高产业竞争力的关键所在,也是保障中国钢铁工业高质量发展的现实需要。我国钢铁行业应该以提高企业市场竞争力为出发点,促使钢铁产业生产力布局调整和优化,在市场机制充分发挥资源配置作用下,同时加强规划指引、事中事后监管等管理手段,加快淘汰落后、引导企业兼并重组、推进沿海重大项目落地等,实现钢铁产业的持续健康稳定发展。

2.技术升级创新，推进减污降碳

钢铁工业在结构调整、技术升级改造过程中，必须转变生产发展和污染物防治方式，将节能减排和控制废物产生作为升级改造的重要任务。废气污染控制应通过综合考虑资源和能源的高效利用、流程的合理匹配、高效和连续紧凑运行，把源头控制、过程控制、污染物深度处理有效结合，最大限度地在整个生产工艺过程中减少污染物的产生，降低末端治理压力。

加热炉是钢铁行业生产环节中重要的热工设备，在轧钢生产中占有十分重要的地位。应持续在加热炉升级改造上下功夫，降低煤气单耗、氧化烧损，提高成材率和带钢质量，加快资源高效利用、生产工艺变革、品种结构优化、智能融合创新等工作的推进，减少废气排放总量，减少末端治理的投资及运行费用。目前蓄热式加热炉烟气反吹技术研究和应用较多，抽取烟道末端烟气反向导入加热炉进行二次燃烧，对于燃烧及排烟间隙的 CO 进行二次利用，既可以有效避免部分 CO 排入大气，又可以实现能源的二次利用与成本降低。烟气反吹技术的应用，使得排入大气的 CO 量显著降低，达到了每次换向阀切换间隙 CO 外溢量约 0.25%以下，二次燃烧也使加热炉煤气能耗成本显著降低，高炉煤气使用量节约 3%～4%。但烟气反吹目前还存在一定的缺陷，如：降低了加热炉的加热能力，同时引起炉压波动，存在安全生产隐患，炉内燃烧的控制技术还不够完善等，该技术还需要进一步完善。

从环保和能效角度轧钢加热炉需要从以下几方面进行改进和提升。

(1)完善加热炉系统结构，进一步提升燃料的适用范围以及燃烧效率，减少煤气向大气排放。

(2)提高加热炉的自动化水平，降低人为因素对加热炉燃烧以及排放的影响，促进加热炉平稳运行。

(3)合理调节空气系数，有效控制和调整空气和煤气的比例，进一步加强煤气燃料的燃烧效率。

(4)研究轧钢加热炉烟气 CO 低温催化氧化反应，开发适用的 CO 低温催化剂，实现对轧钢加热炉烟气 CO 的深度去除。

3.污染物深度治理，减少排放总量

轧钢工序污染物深度治理方面，建议优先采用经脱硫处理后的高炉煤气和焦炉煤气等清洁燃料。对于有机硫含量较高的煤气，建议采用精脱硫方法，如煤气催化水解+干法脱硫技术进行改造。经过精脱硫处理后的煤气作为燃料时，烟气中的颗粒物和 SO_2 浓度较低，通常 SO_2 排放浓度低于 50 mg/m^3。

对于燃烧烟气中 NO_x 排放浓度较高的轧钢加热炉，如果烟气中的 NO_x 浓度未达到治理要求，需要进行低氮燃烧技术改造。一种方法是采用低氮燃烧器，可将 NO_x 排放浓度控制在 100 mg/m^3 以下。另一种方法是采用分级燃烧+烟气循环技术改造，可将 NO_x 排放浓度降至 50 mg/m^3 以下。

对于对 SO_2 去除效率要求较高且对 NO_x 控制要求严格的加热炉,可以采用 SDA 脱硫+中低温 SCR+袋式除尘/电袋除尘技术。这种组合技术可以同时实现高效去除 SO_2 和 NO_x,并有效控制颗粒物排放。

对于已经存在湿法脱硫、干法或半干法脱硫设施的加热炉,可以在现有脱硫设施的基础上,引入氧化吸收法脱硝技术来实现深度脱硫和脱硝的效果。此外,应该重点研究氧化吸收法技术中副产物的资源化利用途径。

针对不同燃烧源的环境治理,应优先选择清洁燃料,结合精脱硫和低氮燃烧技术进行改造。对于要求更高的排放净化要求,可以考虑采用组合技术,如 SDA 脱硫、中低温 SCR 和袋式除尘/电袋除尘。

参考文献

[1] 环境保护部,国家质量监督检验检疫总局.轧钢工业大气污染物排放标准:GB 28665—2012[S].北京:中国环境科学出版社,2012.

[2] 生态环境部,国家市场监督管理总局.《轧钢工业大气污染物排放标准》行业标准第1号修改单:GB 28665—2012/XG1—2020[S].北京:中国环境科学出版社,2020.

[3] 环境保护部.排污许可证申请与核发技术规范 钢铁工业:HJ 846—2017[S].北京:中国环境出版社,2017.

[4] 生态环境部.工业锅炉污染防治可行技术指南:HJ 1178—2021[S].北京:中国环境科学出版社,2021.

[5] 环境保护部.火电厂污染防治可行技术指南:HJ 2301—2017[S].北京:中国环境出版社,2017.

[6] 工业和信息化部.循环半干法烟气脱硫脱硝一体化装置:JB/T 13244—2017[S].北京:机械工业出版社,2017.

[7] 国家发展和改革委员会.燃煤烟气脱硫设备:第1部分 燃煤烟气湿法脱硫设备:GB/T 19229.1—2008[S].北京:中国标准出版社,2008.

[8] 中国机械工业联合会.燃煤烟气脱硫设备:第2部分 燃煤烟气干法/半干法脱硫设备:GB/T 19229.2—2011[S].北京:中国标准出版社,2011.

[9] 生态环境部.火电厂烟气脱硝工程技术规范选择性催化还原法:HJ 562—2010[S].北京:中国环境科学出版社,2010.

[10] 生态环境部.火电厂烟气脱硝工程技术规范选择性非催化还原法:HJ 563—2010[S].北京:中国环境科学出版社,2010.

[11] 生态环境部.烟气循环流化床法烟气脱硫工程通用技术规范:HJ 178—2018[S].北京:中国环境科学出版社,2018.

[12] 生态环境部.《环境空气质量标准》第1号修改单:GB 3095—2012/XG1—2018[S].北京:中国环境科学出版社,2018.

[13] 国家环境保护局.大气污染物综合排放标准:GB 16297—1996[S].北京:中国标准出版社,1996.

[14] 国家能源局.活性焦干法脱硫技术规范:DL/T 1657—2016[S].北京:中国电力出版社,2017.

[15] 河北省环境保护厅,河北省质量技术监督局.钢铁工业大气污染物超低排放标准:DB 13/2169—2018[S].石家庄:河北省环境保护厅,河北省质量技术监督局,2018.

[16] 河南省生态环境厅,河南省市场监督管理局.钢铁工业大气污染物排放标准:DB 41/1954—2020[S].郑州:河南省生态环境厅,河南省市场监督管理局,2020.

[17] 山东省市场监督管理局,山东省生态环境厅.钢铁业大气污染物排放标准:DB 37/990—2019[S].济南:山东省市场监督管理局,山东省生态环境厅,2019.

[18] 山西省生态环境厅,山西省市场监督管理局,钢铁工业大气污染物排放标准:DB 14/2249—2020[S].太原:山西省生态环境厅,山西省市场监督管理局,2020.

[19] 天津市生态环境局,天津市市场监督管理委员会.钢铁工业大气污染物排放标准:DB 12/1120—2022[S].天津:天津市生态环境局,天津市市场监督管理委员会,2022.

[20] 国务院.大气污染防治行动计划[EB/OL].(2013-09-13)[2023-08-10].https://www.sastind.gov.cn/n4235/n6650188/c6665720/content.html.

[21] 环境保护部.关于执行大气污染物特别排放限值的公告[EB/OL].(2013-02-27)[2023-08-10].https://www.mee.gov.cn/gkml/hbb/bgg/201303/t20130305_248787.htm.

[22] 国务院.关于印发打赢蓝天保卫战三年行动计划的通知[EB/OL].(2018-07-03)[2023-08-10].https://www.gov.cn/zhengce/content/2018-07/03/content_5303158.htm.

[23] 生态环境部等五部委.关于推进实施钢铁行业超低排放的意见[EB/OL].(2019-04-28)[2023-08-10].https://www.mee.gov.cn/xxgk2018/xxgk/xxgk03/201904/t20190429_701463.html.

[24] 生态环境部.关于做好钢铁企业超低排放评估监测工作的通知[EB/OL].(2019-12-18)[2023-08-10].https://www.mee.gov.cn/xxgk2018/xxgk/xxgk06/201912/t20191225_751538.html.

[25] 中国环境保护产业协会.关于印发《钢铁企业超低排放改造技术指南》的通知[EB/OL].(2020-01-09)[2023-08-10].http://www.caepi.net.cn/epasp/website/webgl/webglController/view?xh=1578555310787036843520.

[26] 国家发展和改革委员会,生态环境部,工业和信息化部.钢铁行业(钢延压加工)清洁生产评价指标体系[EB/OL].(2018-12-29)[2023-08-10].https://huanbao.bjx.com.cn/news/20190123/958621-1.shtml.

[27] 环境保护部.关于发布钢铁行业炼钢、轧钢、焦化三个工艺污染防治最佳可行技术指南(试行)的公告[EB/OL].(2010-12-17)[2023-08-10].https://www.mee.

gov.cn/gkml/hbb/bgg/201012/W020101230590346369353.pdf.
[28] 环境保护部.钢铁工业污染防治技术政策[EB/OL].(2013-05-24)[2023-08-10].https://www.mee.gov.cn/ywgz/fgbz/bz/bzwb/wrfzjszc/201306/t20130603_253123.shtml.
[29] 生态环境部等五部委.关于推进实施钢铁行业超低排放的意见[EB/OL].(2019-04-28)[2023-08-10].https://www.mee.gov.cn/xxgk2018/xxgk/xxgk03/201904/t20190429_701463.html.
[30] TANG L,XUE X,JIA M,et al.Iron and steel industry emissions and contribution to the air quality in China[J].Atmospheric Environment,2020,237.
[31] ZHU T Y,WANG X D,YU Y,et al.Multi-process and multi-pollutant control technology for ultra-low emissions in the iron and steel industry [J].Journal of Environmental Sciences,2023,123(1):83-95.
[32] TENG H.Combustion modifications of batch annealing furnaces and ammonia combustion ovens for NO_x abatement in steel plants[J].Journal of the Air & Waste Management Association,1996(12):1171-1178.
[33] 史磊.钢铁行业烧结烟气脱硝技术分析及对比[J].能源与节能,2020(3):69-71.
[34] 张建良,尉继勇,刘征建,等.中国钢铁工业空气污染物排放现状及趋势[J].钢铁,2021,56(12):1-9.
[35] 王华.加热炉[M].北京:冶金工业出版社,2015.
[36] 杨意萍.轧钢加热工[M].北京:化学工业出版社,2009.
[37] 王晶,廖昌建,王海波,等.锅炉低氮燃烧技术研究进展[J].洁净煤技术,2022,28(2):99-114.
[38] 郝吉明,马广大,王书肖.大气污染控制工程[M].3 版.北京:高等教育出版社,2010.
[39] 沈恒根,苏仕军,钟秦.大气污染控制原理与技术[M].北京:清华大学出版社,2009.
[40] 蒋文举.烟气脱硫脱硝技术手册[M].北京:化学工业出版社,2011.
[41] 朱法华,许月阳,孙尊强,等.中国燃煤电厂超低排放和节能改造的实践与启示[J].中国电力,2021,54(4):1-8.
[42] 童志权.大气污染控制工程[M].北京:机械工业出版社,2006.
[43] 李忠友.钢坯加热技术与设备[M].北京:冶金工业出版社,2015.
[44] 戚翠芬,张树海,张志旺,等.轧钢加热技术[M].北京:冶金工业出版社,2021.
[45] 彭丽娟.除尘技术[M].北京:化学工业出版社,2014.
[46] 赵步青.热处理炉前操作手册[M].北京:化学工业出版社,2015.
[47] 张殿印,王纯.除尘工程设计手册[M].3 版.北京:化学工业出版社,2021.
[48] 周晓猛.烟气脱硫脱硝工艺手册[M].北京:化学工业出版社,2016.

[49] 朱廷钰,王新东,郭旸旸,等.钢铁行业大气污染控制技术与策略[M].北京:科学出版社,2018.
[50] 邢奕,王新东.钢铁行业大气污染控制超低排放新技术[M].北京:冶金工业出版社,2021.
[51] 周长波.钢铁行业污染特征与全过程控制技术研究[M].北京:中国环境出版集团,2019.
[52] 伯鑫.我国钢铁企业大气污染影响研究[M].北京:中国环境出版集团,2020.
[53] 柳静献,毛宁,孙熙,等.我国袋式除尘技术历史 现状与发展趋势综述[J].中国环保产业,2022(1):47-58.
[54] 舒英钢,郦建国,刘卫平,等.中国电除尘技术发展及在燃煤电厂应用[C].第十八届中国电除尘学术会议,2019:1-12.
[55] 张婷婷,徐铁兵,武兰顺,等.某市钢铁行业大气污染物排放现状及减排潜力分析[J].冶金管理,2021(15):157-158.
[56] 龙静涛.浅议轧钢厂加热炉和热处理炉炉前煤气阀组改造[J].中国设备工程,2022(3):87-88.
[57] 孙少华,刘杨,张海生,等.轧钢加热炉节能减排环保新技术研究探讨[J].金属世界,2023(3):16-19.
[58] 刘明.轧钢加热炉过程控制系统与节能降耗[J].冶金与材料,2023,43(3):146-148.
[59] 陈隆枢.我国袋式除尘技术近十年的发展综述[J].中国环保产业,2011(11):7-11.
[60] 吕鹤,李晓新.钢铁企业超低排放改造的实施路径[J].中国资源综合利用,2023,41(3):178-184.
[61] ANDREEV S.System of energy-saving optimal control of metal heating process in heat treatment furnaces of rolling mills[J].Machines,2019,7(3):60-63.
[62] NIKOLAEVICH P B, MIKHAILOVICH A S, URALOVICH A T, et al. Optimal energy-efficient combustion process control in heating furnaces of rolling mills[J]. Engineering,2015,47(11):69-72.
[63] ANDREEV S M,PARSUNKIN B N.Billet heating control fuel-saving solution in the rolling mill furnace[C].International Conference on Industrial Engineering,2017:1-5.
[64] HOOGENDOORN T M,HOOGEN A J V D.Heat treatment in hot strip rolling of steel[J].Materials Science Forum,1994,163(4):51-62.
[65] 梁宝瑞,朱生俊,王森林,等.钢铁企业大气污染物及治理措施[C].2017 年铁合金矿热炉电极炉衬及环境保护煤气综合利用技术座谈会,2017:89-95.
[66] PANTA-MESONES A L T.Evaluation of the heat treatment response of a multiphase

hot-rolled steel processed by controlled rolling and accelerated cooling[J].Materials and Manufacturing Processes,2008,23(4):357-362.
[67] 王珲.钢铁企业大气污染物产排源分析[C]//第十届中国钢铁年会暨第六届宝钢学术年会论文集.中国金属学会,2015:236-239.
[68] 陈迪安,梁四新,解长举,等.一种用于轧钢加热炉及热处理炉富氧燃烧系统:CN202122340647.7[P].CN216620702U[2023-07-24].
[69] 潘亚,于培民,黄昊,等.高效低能耗台车式热处理炉在淮钢生产中的应用[C].全国轧钢加热炉综合节能技术研讨会,2013:193-196.
[70] 戎宗义.国内外加热炉和热处理炉的现状和节能技术[J].特殊钢,1999,20(5):35-39.
[71] 徐言东,张战波,等.轧钢生产能源介质供应的节能降耗技术现状[C]//第十届中国钢铁年会暨第六届宝钢学术年会论文集.中国金属学会,2015:114-117.
[72] 张保存.试谈轧钢生产技术发展与节能降耗的分析[J].建筑工程技术与设计,2018(16):4808-4810.
[73] デイビッドアンソニーゲーンズバウアー,フランシスコカルバーリョ,エドゥアルドミニチ,et al.Preheating and heat control of working roll and its control system in metal rolling process:JP2018514845[P].JP6619086B2 [2023-07-24].
[74] 郝毅仁,孟超,刘坤坤.钢铁行业各工序污染物排放量占比分析[J].冶金经济与管理,2020(4):20-23.
[75] VORK A H. Optimal heating of massive bodies in continuous furnaces[J]. Avtomatikai Telemekhanika,1970(7):119-130.
[76] 姚雨,郭占成,赵团.烟气脱硫脱硝技术的现状与发展[J].钢铁,2003,38(1):59-63.
[77] 曾慕成,徐国平,王志.中国钢铁工业污染及其防治[J].工业安全与环保,2008,34(4):7-9.
[78] 刘涛,曾令可,税安泽,等.烟气脱硫脱硝一体化技术的研究现状[J].工业炉,2007,29(4):12-15.
[79] 邢雨薇,卢振兰.钢铁行业烧结烟气脱硫脱硝技术探讨[J].环境与发展,2013(8):83-85.
[80] 樊彦玲,郑鹏辉,汪蓓,等.钢铁厂烧结烟气脱硫脱硝技术探讨[J].资源与环境,2017,43(8):198,202.
[81] PARIENTE F,INES ARTIMEZ J M,BELZUNCE F J,et al.Influence of heat treatment on the microstructure of a high chromium steel used for the manufacture of rolling rolls[J].Materials Science Forum,2010,638-642:3099-3104.
[82] HAO K,GAO M,ZHANG C,et al.Achieving continuous cold rolling of martensitic stainless steel via online induction heat treatment[J].Materials Science and Engi-

neering,2018,739:415-426.

[83] WEI S J,WANG S,ZHOU R.Research on present situation of desulfurization and denitrification technology for sintering flue gas[J]. Environmental Engineering, 2014,32(2):95-97,142.

[84] 王称.轧钢加热炉在生产中的温度控制分析[J].冶金管理,2019,385(23):14-16.

[85] 罗建中,张新霞,凌定勋.钢铁厂废气污染控制措施[J].环境技术,2002(2):45-47.

[86] 周立荣,高春波,杨石玻.钢铁厂烧结烟气 SCR 脱硝技术应用探讨[J].中国环保产业,2014(6):33-36.

[87] 吴凡,范美玲,赵长多.低温 SCR 脱硝催化剂研究进展[J].广东化工,2018,45(7):179-182.

[88] NIU J,WEN Z,WANG J S,et al.Computer control system for optimizing heating of large continuous roller hearth heat treatment furnace[J].Iron & Steel,2007,42(2):72-75.

[89] 丁禺乔,赵毅.钢铁行业烟气污染物控制技术[J].化工技术与开发,2020,49(1):45-48.

[90] 杨富廷,王志强.钢铁行业大气污染物深度治理技术探究[J].山东冶金,2023,45(3):56-59.

[91] 涂建华,朱培君,袁伟峰.新型静电布袋除尘技术研究[J].环境工程,2004,22(3):38-40,4.

[92] 马世立.袋式除尘器及其在钢铁工业的应用[J].钢铁技术,2008(2):47-50.

[93] 杨英华,李东.轧钢加热炉燃烧自动控制系统的运行机制[J].中国冶金,2005(11):27-29,36.

[94] 王会波,于政军.轧钢加热炉过程控制系统与节能降耗[J].电气传动,2016,46(6):61-65.

[95] WU X,DAI J T,YAN J,et al.Optimization of heat treatment furnace based on automatic control system[J].Journal of Physics:Conference Series,2021,31(7):15-19.

[96] 毛玉军.浅谈轧钢加热炉节能及降低氧化烧损的途径[J].工业炉,2007,29(3):21-23.

[97] 初琨.循环氧化吸收脱硝技术在钢铁行业的研究与应用[J].福建师大福清分校学报,2019(5):10-14.

[98] 李颖.钢铁烧结工艺氧化脱硝的模拟试验及工程试验[D].南京:东南大学,2015.

[99] 郭永葆.钢铁热处理工艺及其污染分析[J].科技情报开发与经济,2009,19(18):145-147.

[100] XU J,WANG Z,FU H,et al.Effects of rolling and heat treatment on hydrogen embrittlement in medium-Mn steel[J].Materials Letters,2021,305:130784-130787.

[101] 王永强,陈连生,李娜,等.蓄热式轧钢加热炉的发展及其优缺点[J].河北理工大学学报(自然科学版),2009,31(3):12-15.

[102] 宋圣才,徐沛,李敏,等.节能型焦化烟气高效氧化吸收脱硫脱硝一体化技术[J].化工设计通讯,2021,47(4):156-158.

[103] WANG Y C,WANG R X,WANG Y F,et al.Optimization of the heat treatment process for preparing light-green glass-ceramics from blast furnace slag[J].Journal of Ceramic Science and Technology,2021,15(4):12-17.

[104] 薛成自.钢铁行业烧结烟气氮氧化物超低排放治理技术应用研究[J].清洗世界,2023,39(6):66-68.

[105] SUN X Y.Selective non-catalytic reduction technology and its application in cement industry[J].Environmental Science and Management,2012,37(12):109-112.

[106] YU X J,WANG Y D,LI Q,et al.Industrial application of enhanced selective non-catalytic reduction technology[J].Environmental Protection of Oil & Gas Fields,2017(6):29-31,56.

[107] JØDAL M,LAURIDSEN T L,DAM-JOHANSEN K.NO_x removal on a coal-fired utility boiler by selective non-catalytic reduction[J].Environmental Progress,1992,11(4):296-301.

[108] ZHU T,WANG X,YU Y,et al.Multi-process and multi-pollutant control technology for ultra-low emissions in the iron and steel industry[J].环境科学学报:英文版,2023(1):83-95.

[109] ZHANG D J,MA Z R,WANG B D,et al.Progress in application of SCR denitrification technology in treating flue gas of non-electric industries[J].Modern Chemical Industry,2019,39(10):24-28.

[110] BAI X C,LIU J F,LI Y M.Application of new-type low-NO_x burners in process heating furnace of oil refinery[J].Refining and Chemical Industry,2018,29(1):44-46.

[111] 高丕强,葛程程.钢铁企业湿法脱硫废水零排放处理技术研究与展望[J].矿业工程,2021,19(3):56-60.

[112] YEH J T,DEMSKI R J,GYORKE D F,et al.Experimental evaluation of spray-dryer flue-gas desulfurization for use with Eastern US coals[J].Materials Science,1982,22:78-83.

[113] ZHANG S,GUI Y,YUAN H,et al.Experimental study on wet desulfurization technology of steel slag[J].Multipurpose Utilization of Mineral Resources,2017(6):108-111.

[114] 党玉华,齐渊洪,王海风.烧结烟气脱硫技术[J].钢铁研究学报,2010(5):1-6.

[115] LI L H,WEI P,LIANG J,et al.Discussion on heating and discharging the purified flue gas by sintering flue gas wet desulfurization process [J]. Science and Technology of Liuzhou Steel,2015,9(3):1323-1328.

[116] 朱书景,张垒,林博.钢铁企业烧结烟气特性与脱硫技术[J].武钢技术,2010,48(2):53-57.

[117] 王子兵,赵斌,张素娟,等.轧钢加热炉最佳加热工艺制度的讨论[J].冶金能源,2008,27(5):32-36.

[118] 樊彦玲,郑鹏辉,汪蓓,等.钢铁厂烧结烟气脱硫脱硝技术探讨[J].化工设计通讯,2017,43(8):198-199.

[119] 李庭寿.烧结烟气综合治理探讨[J].中国钢铁业,2013(6):18-22.

[120] LIANG X J,ZHONG Z P,JIN B S,et al.Experimental study of the mixing in the SNCR process and thermal verification[J].Boiler Technology,2009,40(6):68-73.

[121] 张艳伟,雷慧杰.轧钢加热炉自动控制系统的应用[J].甘肃冶金,2009,31(2):87-89.

[122] 闫伯骏,邢奕,路培,等.钢铁行业烧结烟气多污染物协同净化技术研究进展[J].工程科学学报,2018,40(7):767-775.

[123] 毛显强,曾桉,刘胜强,等.钢铁行业技术减排措施硫、氮、碳协同控制效应评价研究[J].环境科学学报,2012,32(5):1253-1260.

[124] 王新东,侯长江,田京雷.钢铁行业烟气多污染物协同控制技术应用实践[J].过程工程学报,2020,20(9):997-1007.

[125] 邢奕,张文伯,苏伟,等.中国钢铁行业超低排放之路[J].工程科学学报,2021,43(1):1-9.

[126] 史少军,叶招莲.钢铁行业烧结烟气同时脱硫脱硝技术探讨[J].电力科技与环保,2010,26(3):17-18.

[127] 马丁,陈文颖.中国钢铁行业技术减排的协同效益分析[J].中国环境科学,2015,35(1):298-303.

[128] 刘胜强,毛显强,胡涛,等.中国钢铁行业大气污染与温室气体协同控制路径研究[J].环境科学与技术,2012,35(7):168-174.

[129] 韩健,阎占海,邵久刚.逆流式活性炭烟气脱硫脱硝技术特点及应用[J].烧结球团,2018,43(6):13-18.

[130] 邢芳芳,姜琪,张亚志,等.钢铁工业烧结烟气多污染物协同控制技术分析[J].环境工程,2014,32(4):75-78.

[131] 高玉冰,邢有凯,何峰,等.中国钢铁行业节能减排措施的协同控制效应评估研究[J].气候变化研究进展,2021,17(4):388-399.

[132] 梁杰群,潘建,朱德庆,等.某钢铁厂烧结烟气氨法脱硫工艺脱硝效果的评估

[J].烧结球团,2016,41(3):52-56.
[133] 卢熙宁.钢铁行业烧结烟气多污染物协同净化工艺综述[J].冶金经济与管理,2016(1):22-24.
[134] 朱廷钰,叶猛,齐枫,等.钢铁烧结烟气多污染物协同控制技术及示范[J].科技资讯,2016,14(10):166-167.
[135] 赵春丽,吴铁,伯鑫,等.钢铁行业烧结烟气脱硫现状及协同治理对策建议[J].环境工程,2014,32(10):76-78,103.
[136] 王亮,钟王君,王韬,等.钢铁工业污染物超低排放及对策思考[J].冶金动力,2019(3):5-7,33.
[137] 徐永智.钢铁行业废气污染物治理现状和优化对策研究[J].世界有色金属,2017(4):129,131.
[138] 孙少华,刘杨,张海生,等.轧钢加热炉节能减排环保新技术研究探讨[J].金属世界,2023(3):16-19.
[139] 束云峰,赵克宇.石灰-石膏法烟气脱硫在高硫矿氧化球团生产中的运用[J].烧结球团,2013,38(6):52-54.
[140] 王雅新,刘俊,易红宏,等.钢铁行业烧结烟气脱硫脱硝技术研究进展[J].环境工程,2022,40(9):253-261.
[141] 韩加友,石振仓,黄利华.臭氧氧化协同半干法同时脱硫脱硝在烧结机烟气工业的应用[J].石油与天然气化工,2019,48(5):19-23,29.
[142] 王涛,谢春帅.烧结烟气循环技术研究进展与展望[J].冶金能源,2020,39(2):55-59.
[143] 高继贤,刘静,曾艳,等.活性焦(炭)干法烧结烟气净化技术在钢铁行业的应用与分析(Ⅰ)——工艺与技术经济分析[J].烧结球团,2012,37(1):65-69.
[144] SUN W,ZHOU Y,LV J,et al.Assessment of multi-air emissions:Case of particulate matter (dust),SO_2,NO_x and CO_2 from iron and steel industry of China[J].Journal of Cleaner Production,2019,232:350-358.
[145] 高继贤,刘静,曾艳,等.活性焦(炭)干法烧结烟气净化技术在钢铁行业的应用与分析——Ⅱ:工程应用[J].烧结球团,2012,37(2):61-66.
[146] 张奇,万利远,刘新,等.新形势下烧结烟气净化技术的发展[J].矿业工程,2019,17(1):30-33.
[147] 阎占海,邵久刚,祁成林,等.环保新形势下烧结烟气净化工艺选择[J].烧结球团,2019,44(3):73-77.
[148] 赵晶.臭氧氧化脱硝原理及对臭氧污染的影响分析[J].绿色科技,2018(12):121,123.
[149] 侯长江,田京雷,王倩.臭氧氧化脱硝技术在烧结烟气中的应用[J].河北冶金,2019(3):67-70.

[150] 周立荣,高春波,杨石玻.钢铁厂烧结烟气 SCR 脱硝技术应用探讨[J].中国环保产业,2014(6):33-36.

[151] 钟璐,胡小吐,朱天乐,等.臭氧氧化协同吸收脱硫脱硝技术的工业应用[J].中国环保产业,2021(7):46-51.

[152] 侯建勇,严厚华.含高浓度污染物的球团烟气净化技术进展与选择[J].河南冶金,2021,29(1):6-10,48.

[153] 连风宝.烧结(球团)烟气典型环保工艺的 SO_3排放及 $NaHSO_3$喷射脱 SO_3技术的工程应用[J].环境工程学报,2020,14(6):1619-1628.

[154] 刘强,周兴,唐夕山,等.活性焦联合脱除技术在球团烟气治理中的实践[J].矿业工程,2016,14(4):41-43.

[155] 陈树发.烟气循环流化床干法工艺在竖炉中的创新与应用[J].能源与环境,2016(3):96-97,111.

[156] 侯建勇,李洁.臭氧氧化脱硝协同半干法脱硫在烧结烟气净化中的应用[J].山西冶金,2020,43(5):119-122.

[157] 杨光,张淑会,杨艳双.烧结烟气中气态污染物的减排技术现状及展望[J].矿产综合利用,2021(1):45-56.

[158] 于凤芹,李运甲,刘周恩,等.移动床活性焦烟气净化工艺中废活性焦的形成与特征分析[J].过程工程学报,2020,20(6):695-702.

[159] 李海英,郑雅欣,王锦.不同烧结烟气脱硫工艺应用比较与分析[J].环境工程,2018,36(3):102-107.

[160] 马秀珍,栾元迪,叶冰.旋转喷雾半干法烟气脱硫技术的开发和应用[J].山东冶金,2012,34(5):51-53.

[161] 李风民,王涛,曾才兵,等.邯钢 2#400m²烧结机应用 SDA 脱硫工艺技术改进与优化的实践[J].烧结球团,2017,42(3):30-35.

[162] 李俊杰,魏进超,刘昌齐.活性炭法多污染物控制技术的工业应用[J].烧结球团,2017,42(3):79-85.

[163] 王斌,李玉然,刘连继,等.焦炉烟气活性炭法多污染物协同控制工业化试验研究[J].洁净煤技术,2020,26(6):182-188.

[164] 张庆文,常治铁,刘莉,等.SDS 干法脱硫及 SCR 中低温脱硝技术在焦炉烟气处理中的应用[J].化工装备技术,2019,40(4):14-18.

[165] 许红英,陈鹏,颜芳.焦炉烟气脱硫脱硝一体化技术的研究进展[J].燃料与化工,2019,50(4):1-3,8.

[166] 闫晓淼,李玉然,朱廷钰,等.钢铁烧结烟气多污染物排放及协同控制概述[J].环境工程技术学报,2015,5(2):85-90.

[167] 朱廷钰,刘青,李玉然,等.钢铁烧结烟气多污染物的排放特征及控制技术[J].科技导报,2014,32(33):51-56.

[168] 温斌,宋宝华,孙国刚,等.钢铁烧结烟气脱硝技术进展[J].环境工程,2017,35(1):103-107.

[169] 郑春玲.氧化镁法烟气脱硫技术在钢铁行业的应用与发展[J].南方金属,2012(1):48-51.

[170] 杨小青.钢铁企业烧结烟气脱硝工艺的探讨[J].环境与发展,2018,30(5):82-83.

[171] 田凡,车帅,任栋.我国钢铁行业烧结烟气脱硫的概况[J].冶金能源,2017,36(S1):115-117.

[172] 竹涛,薛泽宇,牛文凤,等.我国钢铁行业烟气中重金属污染控制技术[J].河北冶金,2019(S1):11-14.

[173] 赵利明,梁利生,蔡嘉,等.低温 SCR 烟气脱硝技术在湛江钢铁烧结工序的应用[J].烧结球团,2022,47(5):89-94.

[174] 孙方舟,侯长江,侯环宇,等.钢铁行业烟气净化催化剂的研究现状及展望[J].河北冶金,2023(1):1-8,22.

[175] 谭赫.北营钢铁(集团)股份有限公司轧钢厂 1780 加热炉烟气余热利用技术[J].科技创新与应用,2017(1):146-147.

[176] 纪瑞军,徐文青,王健,等.臭氧氧化脱硝技术研究进展[J].化工学报,2018,69(6):2353-2363.

[177] ZHANG H,SUN W,LI W,et al.Physical and chemical characterization of fugitive particulate matter emissions of the iron and steel industry [J]. Atmospheric Pollution Research,2022,13(1):47-53.

[178] GUO S,LV L,ZHANG J,et al.Simultaneous removal of SO_2 and NO_x with ammonia combined with gas-phase oxidation of NO using ozone[J].Chemical Industry & Chemical Engineering Quarterly,2015,21:29.

[179] 汪庆国,黎前程,李勇.两级活性炭吸附法烧结烟气净化系统工艺和装备[J].烧结球团,2018,43(1):66-72.

[180] 马贵鹏,王倩倩,马丽萍,等.氧化吸收一体化脱除硫硝汞技术研究进展[J].现代化工,2015,35(8):55-58.

[181] 王新东,田京雷,宋程远.大型钢铁企业绿色制造创新实践与展望[J].钢铁,2018,53(2):1-9.

[182] 康永林,丁波,陈其安.我国轧制学科发展现状与趋势分析及展望[J].轧钢,2017,34(6):1-9.

[183] 张洪亮,施琦,龙红明,等.烧结烟气中氮氧化物脱除工艺分析[J].钢铁,2017,52(5):100-106.

[184] 王国栋.近年我国轧制技术的发展、现状和前景[J].轧钢,2017,34(1):1-8.

[185] 侯建勇,严芳,姜茜,等.烧结烟气 CFB 半干法脱硫塔技术研究[J].烧结球团,

2021,46(6):27-33.
[186] 严永桂,毛中建,罗津晶,等.臭氧氧化-生物炭吸附体系协同脱硫脱硝除汞研究[J].燃料化学学报,2020,48(12):1452-1460.
[187] 张承舟,刘大钧,邹世英,等.我国钢铁行业超低排放实施现状分析与建议[J].环境影响评价,2020,42(4):1-5.
[188] 常治铁.SDS+SCR 工艺在焦炉烟气脱硫脱硝中的应用[J].中国冶金,2019,29(10):65-70.
[189] 曹剑栋.组合式脱硫脱硝工艺在焦炉烟气治理中的应用[J].中外能源,2018,23(12):83-89.
[190] 苗社华.半干法脱硫+低温 SCR 脱硝一体化工艺在焦炉烟气净化中的应用[J].中国金属通报,2018(5):157-158.
[191] 阮志勇.铁矿烧结烟气氧化-氨法协同脱硫脱硝[J].中国冶金,2018,28(5):72-78,85.
[192] 汪庆国,朱彤,李勇.宝钢烧结烟气活性炭净化工艺和装备[J].钢铁,2018,53(3):87-95.
[193] 卢丽君,康凌晨,李丽坤,等.钙基废料用于 SDA 半干法脱硫剂的试验研究[J].武钢技术,2016,54(4):32-35.
[194] 刘振利,闫小燕,张奇,等.活性焦净化技术在某烧结机烟气系统的应用[J].矿业工程,2016,14(5):40-42.
[195] 顾兵,何申富,姜创业.SDA 脱硫工艺在烧结烟气脱硫中的应用[J].环境工程,2013,31(2):53-56.
[196] 徐大兴.SDS 钠基干法脱硫工艺在焦化厂烟气处理中的应用[J].燃料与化工,2020,51(3):56-58.
[197] 樊响,邓志鹏.SDS 脱硫技术在干熄焦烟气脱硫上的应用[J].冶金设备,2020(4):74-76.
[198] 韩加友,洪建国,张玉文.烧结烟气臭氧氧化-半干法吸收脱硫脱硝实践[J].中国冶金,2019,29(11):76-81.
[199] 李和平,吴胜利,韩加友."臭氧氧化+循环流化床"法烧结烟气净化技术的应用[J].烧结球团,2018,43(6):1-6,18.
[200] 张国霞,王金龙.几种烧结机烟气超低排放技术应用现状及对比分析[J].节能,2020,39(9):119-122.
[201] 侯建勇,李洁.含高浓度 SO_2 的烧结机烟气超低排放技术研究[J].冶金动力,2020(8):77-82.
[202] 纪光辉.烧结烟气超低排放技术应用及展望[J].烧结球团,2018,43(2):59-63.
[203] 刘鹏举.高硫烧结烟气超低排放工艺技术选择及应用[J].烧结球团,2023,48(1):31-35.

[204] 李新,路路,穆献中,等.京津冀地区钢铁行业协同减排成本-效益分析[J].环境科学研究,2020,33(9):2226-2234.

[205] 杨中雅,孙启宏,沈鹏,等.钢铁行业节能技术潜力与成本分析——以长三角地区为例[J].环境工程技术学报,2023,13(3):1249-1258.

[206] 邱正秋,黎建明,王建山,等.攀钢烧结烟气脱硫技术应用现状与发展[J].钢铁,2014,49(2):74-78,87.

[207] 李玉然,闫晓淼,叶猛,等.钢铁烧结烟气脱硫工艺运行现状概述及评价[J].环境工程,2014,32(11):82-87,81.

[208] 于勇,朱廷钰,刘霄龙.中国钢铁行业重点工序烟气超低排放技术进展[J].钢铁,2019,54(9):1-11.

[209] GUO Y,LUO L,ZHENG Y,et al.Influence of pollutants' control facilities on $PM_{2.5}$ profiles emitted from an iron and steel plant[J].Environmental Technology,2020,41(4):521-528.

[210] MENG Z,WANG C,WANG X,et al.Simultaneous removal of SO_2 and NO_x from flue gas using $(NH_4)_2S_2O_3$/steel slag slurry combined with ozone oxidation[J].Energy and Fuels,2018,32(2):2028-2036.

[211] SUN C,ZHAO N,WANG H,et al.Simultaneous absorption of NO_x and SO_2 using magnesia slurry combined with ozone oxidation[J].Energy & Fuels,2015,29(5):3276-3283.

[212] ZOU Y,WANG Y,LIU X,et al.Simultaneous removal of NO_x and SO_2 using two-stage O_3 oxidation combined with $Ca(OH)_2$ absorption[J].Korean Journal of Chemical Engineering,2020,37(11):1907-1914.

[213] CUI L,BA K,LI F,et al.Life cycle assessment of ultra-low treatment for steel industry sintering flue gas emissions[J].Science of the Total Environment,2020,725(10):13892-13907.

[214] SHIVANI,RANU G.Oxidative potential of ambient fine particulate matter for ranking of emission sources:an insight for emissions reductions [J].Air Quality,Atmosphere & Health,2021,14(8):1-5.

[215] GAO C,GAO W,SONG K,et al.Spatial and temporal dynamics of air-pollutant emission inventory of steel industry in China:A bottom-up approach [J].Resources,Conservation & Recycling,2019,143:184-200.

[216] XING X D.Reason analysis and countermeasure on ammonia pipeline jam of SCR denitration system [J].China Environmental Protection Industry,2015,17(3):24-27.

[217] ZHANG C,XIE X,LI Y.Integrated gas and solid model to determine the flow performance in the SCR reactor [J].Industrial & Engineering Chemistry Research,

2022,21(8):17-24.

[218] ZHANG H L, SHI Q, LONG H M, et al. Analysis of NO_x removal process in sintering flue gas [J].Iron & Steel,2017,52(5):100-106.

[219] ZHU T Y,LIU Q,LI Y R,et al.Emission characteristics of multiple pollutants from iron- steel sintering flue gas and review of control technologies[J].Science & Technology Review,2014,32(33):51-56.

[220] PAN L,SONG J J.The research of fuzzy nerve network control system on steel rolling heating furnace [C]//Implementation of Steel Rolling Heating Furnace Adopting Fuzzy Nerve Network Control System.IEEE,2010.

[221] BORYCA J, KOLMASIAK C, WYLECIA T, et al. Effect of furnace efficiency on scale adhesion in the steel charge heating process [J]. Hrvatsko Metalursko Društvo (HMD),2020,59(2):114-116.

[222] ZHONG Z S, MIN L G. Heat-stored burning technology of heating furnace of Shaoguan Iron and Steel Company [J].Steel Rolling,2001,11(4):55-57.

[223] LI G D,SUN Y J,CHEN J L,et al.Application of regenerative combustion technology in heating furnace of laiwu iron & Steel Co.Ltd [J].Industrial Furnace,2003,9(2):42-44.

[224] JI G X.Pollution control of tail gas from desulfurization regeneration tower in the coking plant[J].Coal Chemical Industry,2016,44(1):54-56.

[225] YI C,GAO F Y.Optimization of the integrated desulfurization, denitrification and dust removal projects [J].Environment and Development,2018,30(1):105-106.

[226] WU Z H,LI D D,CHEN H,et al.Engineering application of desulfurization and denitrification comprehensive purification technology for activated coke[J].Environmental Progress & Sustainable Energy,2021,40(5):17-27.

[227] JIM, FEESE, FELIX, et al. Ultralow-NO_x flat flame burner application for steel reheat furnaces [J].Iron & Steel Technology,2011,37(11):11-19.

[228] WANG J C.Discussion on the bag dust collectorremover in the ground station for dust removal in use [J].Science and Technology Innovation Herald,2013,21(3):141,143.

[229] CHRISTOF L,ALBERT A,MICHAEL G.Feasibility of air classification in dust recycling in the iron and steel industry [J]. Steel Research International, 2018: 1800017-1800023.

[230] FRILUND C,KOTILAINEN M,LORENZO J B,et al.Steel manufacturing EAF dust as a potential adsorbent for hydrogen sulfide removal [J].Energy and Fuels,2022, 36(7):3695-3703.

[231] BAO L,MUSADIQ M,KIJIMA T,et al.Influence of fibers on the dust dislodgement

efficiency of bag filters[J] .Textile Research Journal,2014,84(7):764-771.

[232] ZHOU D,LUO Z,JIANG J,et al.Experimental study on improving the efficiency of dust removers by using acoustic agglomeration as pretreatment [J].Powder Technology,2016,289:52-59.

[233] BAO J,SUN L,MO Z,et al.Investigation on formation characteristics of aerosol particles during wet ammonia desulfurization process[J].Energy & Fuels,2017,31(8):8374-8382.

[234] WU H,WANG Q,YANG H.Promoting the removal of particulate matter by heterogeneous vapor condensation in a double-loop wet flue gas desulfurization system [J].Energy & Fuels,2019,33(5):4632-4639.

[235] LI W,CHO E H.Coal Desulfurization with Sodium Hypochlorite[J].Energy & Fuels,2005,19(2):499-507.

[236] GARCIA K E,BARRERO C A,MORALES A L,et al.Lost iron and iron converted into rust in steels submitted to dry-wet corrosion process [J].Corrosion Science,2008,50(3):763-772.

[237] SOREN K,MICHAEL L M,KIM D.Experimental investigation and modeling of a wet flue gas desulfurization pilot plant [J].Industrial & Engineering Chemistry Research,1998,37(7):2792-2806.

[238] YANG L,BAO J,YAN J,et al.Removal of fine particles in wet flue gas desulfurization system by heterogeneous condensation [J].Journal of Southeast University,2009,156(1):25-32.

[239] YAN J,BAO J,YANG L,et al.The formation and removal characteristics of aerosols in ammonia-based wet flue gas desulfurization [J].Journal of Aerosol Science,2011,42(9):604-614.

[240] FENG H J,CHEN L G,XIE Z H,et al.Constructal optimization of variable cross-section insulation layer of steel rolling reheating furnace wall based on entransy theory [J].Acta Physica Sinica -Chinese Edition,2015,64(5):54402-054402.

[241] YAN F,SHI H,JIN B,et al.Microstructure evolution during hot rolling and heat treatment of the spray formed Vanadis 4 cold work steel [J].Materials Characterization,2008,59(8):1007-1014.